ESMORZAR AMB PARTÍCULES

SONIA FERNÁNDEZ-VIDAL
FRANCESC MIRALLES

ESMORZAR AMB PARTÍCULES

La ciència com mai no s'ha explicat

Traducció de
Ricard Gil Giner

ROSA
DELS
VENTS

Paper certificat pel Forest Stewardship Council®

MIXT
Paper procedent de fonts responsables
FSC® C117695

Penguin Random House Grupo Editorial

Títol original: *Desayuno con partículas*

Primera edició: abril del 2013
Cinquena reimpressió: juliol del 2022

Disseny de la coberta: Penguin Random House Grupo Editorial, S.A.U. / Gemma Martínez
Fotografia de la coberta: © Joan Borràs

Publicat per Rosa dels Vents, un segell de Penguin Random House Grupo Editorial, S.A.U.

Printed in Spain – Imprès a Espanya

ISBN: 978-84-01-38848-4
Dipòsit legal: B-3.198-2013

Compost a Fotocomposición 2000, S. A.

Imprès a QP Print

L 3 8 8 4 8 C

Aquest llibre el dediquem al meu cosí
Alfonso Cabezas Fernández, a qui els metges,
de petit, van diagnosticar que simplement
era massa feliç! Gràcies per regalar-nos, amb la teva
presència, tanta felicitat i amor durant aquests trenta anys.
Continuaràs present en cadascun dels nostres somriures.

Índex

Si es depuressin les portes de la percepció, cada cosa ens apareixeria tal com és: infinita. Perquè l'ésser humà s'ha clos en ell mateix fins a veure totes les coses a través de les estretes escletxes de la seva caverna.

William Blake,
Les noces del cel i l'infern

No deixis que aquesta cita literària et despisti; el llibre que tens a les mans és un assaig sobre física quàntica. Exactament.

Un moment, si us plau, atura't!

No t'espantis, no tanquis el llibre.

T'agradaria venir a esmorzar amb nosaltres?

Si goses navegar per aquestes pàgines, descobriràs un univers meravellós i desconcertant.

Aquest assaig peculiar —comprensible per a qualsevol persona, independentment dels estudis que tingui— és un viatge trepidant per terres màgiques, amb salts vertiginosos en el temps i visites exclusives a centres d'investigació com l'Organització Europea per a la Recerca Nuclear (CERN). També seràs testimoni de les nostres converses i reflexions i, fins i tot, podràs submergir-te en el món dels somnis!

El poema de Blake que obre aquesta invitació va inspirar Aldous Huxley —l'autor d'*Un món feliç*— a escriure l'assaig sobre la mescalina *Les portes de la percepció*, que posteriorment va servir per batejar la banda de Jim Morrison, The Doors.

Ja hi tornem a ser... tranquil, no has de tenir por de res! Aquest llibre no parla de drogues ni d'experiències psicodèliques, per bé que el nostre viatge als confins de la quàntica té molt d'al·lucinant.

Aquest esmorzar amb partícules t'aportarà l'energia necessària per obrir les portes d'un món tan quotidià com ocult i extraordinari. Acceptes el desafiament?

Passa, si us plau... i prepara't per experimentar les coses més inesperades.

0

Sap física, un lleó?

Hi ha més coses al cel i a la terra, Horaci, que les que pugui somniar la teva filosofia.

SHAKESPEARE,
Hamlet

Un matí, quan feia poc que havia començat la carrera de Física, vaig escoltar la reflexió brillant d'un professor sobre les dificultats que tenim per entendre la teoria quàntica.

Tots hem gaudit alguna vegada dels fascinants reportatges sobre el món animal. Una escena comuna en aquests documentals és la d'un lleó que va a la caça d'una ràpida gasela. Amb el cor encongit, veiem com la gasela va guanyant distància respecte al depredador fins que, per fi, el lleó s'atura resignat i deixa escapar la presa.

Si ens aturem a pensar en aquest fet aparentment tan simple, ens adonarem que el felí, en plena cursa, executa uns càlculs gens trivials. Calcula la pròpia velocitat i la de la gasela, computa la resta vectorial entre totes dues, i quan dedueix que el mòdul (és a dir, la distància entre el depredador i la presa) augmenta, aleshores es dóna per vençut i s'atura per reservar forces i dedicar-les a una presa més assequible.

Tanmateix, qualsevol estudiant de física de batxillerat tindria dificultats per plasmar aquests càlculs sobre el paper.

I aleshores sorgeix la pregunta següent: que potser són experts en física, els lleons?

La resposta és afirmativa. Els lleons, com la resta d'animals (inclosos els humans), han desenvolupat al llarg de la seva evolució una manera intuïtiva d'utilitzar la física en el dia a dia. Sense aquesta intuïció, nosaltres tampoc podríem sobreviure en la jungla d'asfalt.

Allò que denominem física clàssica va sorgir de la nostra observació quotidiana del món que ens envolta. Podíem preveure els cicles de la lluna a partir de l'observació del cel, o definir la trajectòria d'un llançament parabòlic analitzant el que passava quan llançàvem fletxes i pedres.

No obstant això, quan ens endinsem en el món de la física moderna, ens allunyem de l'experiència ordinària de l'ésser humà. És lògic que ens costi comprendre el que succeeix quan ens movem a velocitats properes a la de la llum, si tenim en compte que la velocitat màxima que s'havia assolit a començament del segle XX era d'uns cent quilòmetres per hora.

Com podem arribar a comprendre intuïtivament el principi d'incertesa d'un electró, si els nostres ulls no han evolucionat prou per percebre aquesta partícula diminuta?

La mecànica quàntica tracta de fenòmens que queden fora del marc ordinari de l'experiència humana, que s'allunyen de la nostra visió intuïtiva de la realitat.

Fins ara mai no l'hem necessitat per sobreviure.

Què és la física quàntica?

Des de temps immemorials, l'ésser humà ha sentit la necessitat de comprendre l'univers. La cúspide d'aquesta cerca, en el camp de la física actual, s'organitza al voltant de dues grans teories: la quàntica i la relativitat.

Si la relativitat ens descriu el món macroscòpic i els moviments de les galàxies, la teoria quàntica ens revela la conducta enigmàtica dels àtoms i els seus minúsculs constituents, els maons que formen tot allò que ens envolta... i fins i tot nosaltres mateixos.

Quan, a començament del segle XX, la comunitat científica va començar a endinsar-se en el món de la física quàntica, va descobrir que aquestes partícules diminutes es regien per unes regles molt diferents de les que estem acostumats a veure en la nostra vida diària. Sovint fan coses que ens semblen impossibles: una partícula pot aparèixer del no-res, estar en dos llocs al mateix temps, comportar-se com una ona o com un corpuscle segons com la *mirem*, travessar parets, compartir «connexions fantasmals» (en paraules d'Einstein) malgrat estar separades, i moltes altres extravagàncies.

Els físics d'un segle enrere tenien una visió ordenada del cosmos, com si fos un mecanisme de rellotgeria ben precís. Per això, en endinsar-se en aquest món enigmàtic format per partícules diminutes, van patir una crisi i es van preguntar: «Com és possible que l'univers es comporti d'una manera tan esbojarrada i caòtica?».

La nova física els convidava a desafiar les seves creences i a replantejar-se preguntes de gran bellesa intel·lectual: Existeix una realitat única i objectiva? La lluna continua allà dalt, quan no la mirem? A Einstein li agradava pensar que sí. Seguim un guió determinat en la nostra existència, o l'escrivim a mesura que anem vivint?

Per molt que la física quàntica continuï inquietant aquell que pretengui comprendre-la de manera racional, el seu radi d'acció supera el terreny abstracte i allunyat de les idees.

Podríem cometre l'error de pensar que la credibilitat d'aquesta ciència és dubtosa i que està basada únicament en especulacions. Però el fet és que la teoria quàntica és la més precisa que ha fet servir mai la ciència. A dia d'avui no es coneix cap experiment que la desmenteixi ni cap predicció fallida.

En realitat, aquesta ciència ha passat a formar part del nostre dia a dia. Més d'una tercera part de la nostra economia depèn actualment de la física quàntica i de les coses que en sabem. Quan escalfem el got de llet al microones al matí; quan les portes del supermercat se'ns obren automàticament; quan fem servir el televisor, l'ordinador, el telèfon mòbil, els lectors làser, etcètera, estem utilitzant la tecnologia quàntica, encara que no en siguem conscients.

Davant de la teoria quàntica, tenim dues opcions:

1. «Calcular i callar» per obtenir tota classe d'avenços tecnològics.
2. Atrevir-nos a interpretar allò que l'univers i la matèria ens prova de dir.

Si optem per la primera, no experimentarem la confusió inquietant en la qual desemboquen la física quàntica i les seves paradoxes. Però si volem anar més enllà de les equacions, per submergir-nos en els misteris provocadors del món quàntic, travessarem les fronteres de la física per endinsar-nos en el territori de la filosofia, inclosa la metafísica —etimològicament: 'més enllà de la física'.

En aquest llibre viatjarem plegats per un camp ple de respostes inquietants que ens porten a preguntes encara més inquietants.

Hi ha una anècdota sobre aquest tema. Diuen que un estudiant va gosar preguntar al premi Nobel Richard Feynman: «Què és realment la funció d'ona quàntica?». I el professor es va limitar a respondre: «Xut, abans tanca la porta».

ALESHORES... QUÈ NO ÉS LA FÍSICA QUÀNTICA?

La interpretació de l'univers que ens proposa la física quàntica és tan atractiva que s'utilitza sovint per explicar tota mena de fenòmens paranormals i pseudocientífics, cosa molt habitual en els darrers anys.

És possible que en alguns casos no hi hagi un afany d'enganyar, però sí que hi ha una confusió dels límits en els quals la ciència té validesa. De vegades es fa servir el segell «quàntic» en teràpies alternatives i tècniques energètiques que poden funcionar o no (això no ho jutjarem), però que són totalment alienes a allò que s'estudia en una facultat de Física i no tenen res a veure amb la teoria quàntica. En altres casos, hi ha una mala fe deliberada a l'hora d'utilitzar la credibilitat de la ciència per lucrar-se mitjançant cursos enganyosos que fomenten la irracionalitat i la superstició, dos fantasmes contra els quals la ciència ha hagut de lluitar des de bon començament.

Això no vol dir que hàgim d'atorgar la veritat absoluta als científics, com va passar a l'edat mitjana amb els sacerdots. De la mateixa manera que la majoria de la gent censura el fanatisme religiós, el cientisme a ultrança passa per alt que la física només és capaç de descriure una part molt petita de la realitat. Posar el científic a l'altar del coneixement absolut és convidar-lo a interpretar el paper del nou sacerdot, una tasca que certament no li correspon. Trobar l'equilibri entre l'escepticisme que ens permet discernir i la flexibilitat que ens convida a obrir portes noves no és una tasca gens senzilla, però és un esforç que, sens dubte, val la pena.

EL CLOT I L'AIGUA

Diuen que a sant Agustí li agradava passejar de bon matí per la platja i submergir-se en les seves reflexions. En una d'aquestes passejades, el místic donava voltes al misteri de la Trinitat. Absort en les seves cavil·lacions, caminava vora amunt, vora avall del mar esforçant-se sense èxit a comprendre racionalment que tres persones poguessin formar un únic déu. Era una paradoxa que es veia incapaç de resoldre.

Perdut en els seus pensaments, va observar distret un nen petit que jugava a la sorra. L'infant va excavar un petit clot. Acte seguit va córrer cap al mar amb una petxina, la va fer servir per recollir tota l'aigua que va poder i va tornar ràpidament per abocar-la al clot. Va repetir el mateix moviment diverses vegades, fins que sant Agustí s'hi va apropar i li va preguntar:

—Què fas, nen?

—Vull ficar el mar dintre del clot —va respondre el petit amb un somriure.

Sant Agustí va alliçonar el noi en un to paternal:

—El que pretens és impossible.

—Doncs és exactament el mateix que intentes fer tu —va dir el nen davant la sorpresa de l'adult—: ficar en la teva ment finita els misteris de Déu.

Aquesta faula descriu molt bé la tendència humana de relacionar la física amb la mística, la nova ciència amb les antigues ensenyances orientals. Certament, afirmar que la física quàntica demostra l'existència de Déu o els preceptes dels mestres orientals és com intentar ficar el mar en un sot de la platja.

La física quàntica només abraça una porció minúscula de la *realitat* que coneixem. Per això, fonamentar el misticisme en una ciència que encara es troba a les beceroles no és únicament un error, sinó una tergiversació de la quàntica i també de l'espiritualitat.

La tasca de la física no és endinsar-se en aquests fangars. En paraules de l'astrofísic britànic A. S. Eddington: «Cal desconfiar de qualsevol intent de reduir Déu a un conjunt d'equacions diferencials. Hem d'evitar aquest fiasco a qualsevol preu».

Espiritualitat i ciència no són incompatibles, i de fet totes dues poden ser aproximacions complementàries per comprendre el nostre cosmos. Però afirmar que l'una es deriva de l'altra és, segons la meva manera de veure, una absurditat.

Ara bé, alguns dels pares de la física quàntica, com Einstein, Eddington, Schrödinger o Bohr, van ser persones amb fortes inquietuds espirituals. Per quin motiu? Potser la impossibilitat de trobar resposta a tot allò que es preguntaven va ser el que va empènyer aquests grans científics a anar més enllà de la física.

Les ombres de la caverna

En un mite inclòs en el seu diàleg la *República*, Plató descriu uns homes que des que eren nens han estat encadenats al fons d'una cova, d'esquenes a l'entrada. Obligats a romandre de cara a la paret, l'única cosa que poden veure són ombres d'animals i objectes que passen davant d'una gran foguera.

Per a ells, aquestes ombres són els objectes reals, malgrat que de fet només en representen un reflex limitat.

De la mateixa manera, la llum de la física no explica la realitat última del nostre univers, sinó que únicament ens n'ofereix alguns símbols i ombres. La gran diferència entre la física mecanicista i la moderna és que abans crèiem que la ciència explicava la realitat última i objectiva del món físic. Amb la quàntica, ens hem vist obligats a reconèixer que ens movem en un món d'ombres.

De tota manera, l'immens oceà que resta per conèixer no ha de desanimar els navegants intrèpids. Encara que només puguem entendre aquell clot excavat a la sorra, es lícit i saludable interrogar-nos sobre la immensitat.

Aquest llibre és una invitació a navegar pels límits de la realitat i del coneixement humà, amb l'objectiu d'ampliar els nostres propis horitzons mentals.

Com deia Richard Feynman: «No us prengueu el tema amb massa solemnitat... Relaxeu-vos i gaudiu-ne! Senzillament, ara parlarem sobre el comportament de la natura [...] Si us pregunteu: "Com pot ser que sigui així?", entrareu en un cul-de-sac del qual ningú no ha estat capaç de sortir. Ningú no sap com és que la natura es comporta d'aquesta manera. NINGÚ no "comprèn" la mecànica quàntica!».

1

Veritats provisionals

> M'interessa el futur perquè és el lloc on he de passar la resta de la meva vida.
>
> WOODY ALLEN

De: Francesc <francesc.desayunoconparticulas@gmail.com>
Per a: Sonia <sonia.desayunoconparticulas@gmail.com>

Estimada Sonia,
Moltes gràcies per la teva formidable xerrada del dijous passat. Em sembla que per primera vegada vaig comprendre una mica com funciona la física quàntica.
Com vaig comentar-te al final de la presentació, m'agradaria fer un viatge per aquest món fascinant. Però abans de submergir-me en els misteris de la quàntica, necessitaria comprendre com hem arribat fins aquí.
Pel que vaig entendre de la teva explicació, la física moderna ens planteja una visió diferent del món. Però, quina era la visió del món que tenien els que anomenes físics clàssics? Si parlem de clàssics, hauríem de remuntar-nos com a mínim a l'antiga Grècia, oi que sí?
El problema és el següent: Com podem entendre l'evolució de la ciència des dels temps d'uns filòsofs dels quals amb prou feines es conserva res? Què devien pensar quan aixecaven la mirada cap al firmament?
Un petó,

Francesc

De: Sonia <sonia.desayunoconparticulas@gmail.com>
Per a: Francesc <francesc.desayunoconparticulas@gmail.com>

Francesc,
Acabo de llegir el teu missatge electrònic i t'he de donar la raó. La millor manera per entendre la nova visió cosmològica de la física quàntica és fer un viatge en el temps.
T'aniria bé passar demà a les nou del vespre per casa meva per començar aquest «viatge»? Em sembla que ja tens la meva adreça. Sento no donar-te més detalls, però no em puc arriscar a revelar certa informació per correu...
Demà comprendràs el perquè. No cal que et digui que es tracta d'un secret de la màxima importància. Si us plau, no expliquis res a ningú.
Un petó,

S.

RETORN A L'INDRET ON ES VA ESCRIURE EL FUTUR

Són tres quarts i cinc de nou quan sona el timbre del portal. Somric mentre contesto l'intèrfon. Estava segura que el meu missatge críptic despertaria la curiositat d'en Francesc.

—Ja sé que encara no és l'hora... —intenta a tall d'excusa el meu bon amic—. Però ja no podia esperar més. Em vas deixar amb l'ai al cor!

—No t'amoïnis. Ho tinc tot a punt. Posa't aquesta roba que t'he preparat.

En Francesc em mira interrogativament mentre es vesteix amb la túnica que li he entregat, i jo faig el mateix.

—Que anem a una festa de disfresses? —pregunta tot confós, en veure que tots dos anem vestits amb unes túniques pròpies de la Grècia antiga.

—No exactament... Pugem a l'estudi.

Després de pujar per una estreta escala en espiral, li ensenyo «La Màquina», al Francesc, i ell verbalitza astorat tots els seus dubtes:

—Què és aquest armari ple de cables i llums?

—Al missatge et deia que faríem un viatge en el temps, i era literal.

La cara d'estupor d'en Francesc gairebé em fa petar de riure.

—La veritat —continuo tot recuperant la seriositat— és que aquesta hauria de ser la darrera opció de totes... És perillós fer-la servir, qualsevol error per part nostra podria canviar el curs de la història. Però en aquesta ocasió em sembla que val la pena, i anirem amb molt de compte.

—Perdona, Sonia, però em sembla que no t'entenc.

—L'aparell que tens al davant és una màquina del temps. He programat tres moments de la història que trobo important visitar. Espero que no m'hagi equivocat, podríem aparèixer al Juràssic! No seria gens atòmic que haguéssim de fugir d'un estol de velociraptors.

Abans que els dubtes augmentin, empenyo en Francesc, ens fiquem tots dos dintre de la màquina i en tanco les portes.

VIATGE A L'ANTIGA ATENES

Primer trajecte completat amb èxit. Hem «aterrat» a la Grècia antiga, exactament l'any 357 aC.

—Segons els meus càlculs, som a pocs metres de l'Acadèmia —li dic a en Francesc.

—Des de quan et deixes barba? —respon, apartant-se prudencialment de mi.

No s'ha adonat que, després de recollir-me els cabells, m'he posat una barba que fa molta patxoca, especialment pensada per al lloc on ens dirigim.

—Era impossible presentar-se a l'Acadèmia i participar en els diàlegs essent una dona. Per desgràcia, en aquella època no estava gaire ben vist que una dama s'impliqués en les activitats culturals de la ciutat. Ara posa't aquest aparell rere l'orella —li demano—. És un dispositiu que tradueix el que sents i també les teves paraules. Així et podràs fer entendre en grec antic.

Abans que el meu company tingui ocasió de replicar, se'ns acosten dos nois que es diverteixen llançant pedres a un gos petaner.

—Joves —diu una veu darrere nostre, dirigint-se als nois—. Deixeu en pau aquest gos. Reconec en ell un vell amic que va morir temps enrere.

Els nois, en veure l'ancià que acaba de parlar-los, el saluden respectuosament amb una inclinació, i marxen esperitats.

—A Sòcrates, el meu mestre, li agradava fer broma sobre aquest tema —ens diu el vell mentre s'apropa a nosaltres—. Pensava que en morir podem tornar a la Terra, fins i tot en forma d'animal!

Nosaltres el saludem tot imitant el mateix gest de respecte dels joves.

—Sou forasters, veritat?

—Sí, senyor —li contesto—. Anàvem cap a l'Acadèmia. Voldríem conèixer Aristòtil.

—Com que justament jo també hi vaig, podríeu acompanyar-me, llevat que us molesti la lentitud del meu pas.

L'edifici de l'Acadèmia és impressionant. En el gran pòrtic de marbre es llegeix el lema: NO HI ENTRIS SI NO ETS GEÒMETRA.

No deixarem que això ens aturi.

Travessem una gran arcada sota la qual s'arremolinen joves i vells vestits amb túniques. Un adolescent aixeca una esfera celeste esquitxada de brillants que representen les estrelles. Al seu costat, un home gras desplega un pergamí ple de càlculs, i amb una ploma hi afegeix algunes correccions.

Ens barregem entre la gentada, conscients del privilegi que representa endinsar-nos en el bressol del coneixement antic, la base a partir de la qual es desenvoluparà la civilització occidental.

Després de travessar l'espaiós saló principal, l'ancià ens porta fins en un recinte on les graderies són plenes de curiosos. Seiem en una de les files del darrere. Emocionats, ens adonem que som a l'aula on Aristòtil imparteix un dels seus discursos:

—*És necessari que la forma del cel sigui esfèrica, atès que aquesta figura és la més adequada per a l'entitat celeste, i la primera per naturalesa. En una recta sempre hi podem afegir alguna cosa, però, per contra, a la línia del cercle, no. És evident que la línia que delimita el cercle és perfecta. Així doncs, el que gira amb un moviment circular serà esfèric. I també el que sigui immediatament contigu a allò, atès que el que és contigu al que és esfèric és esfèric. I passa el mateix amb els cossos situats cap al centre d'aquest, atès que els cossos envoltats per l'esfera i en contacte amb l'esfera han de ser per força totalment esfèrics; i els que estan situats sota l'esfera dels planetes estan en contacte amb l'esfera de dalt. De manera que cadascun dels orbes serà esfèric, atès que tots els cossos estan en contacte i són contigus a les esferes.*

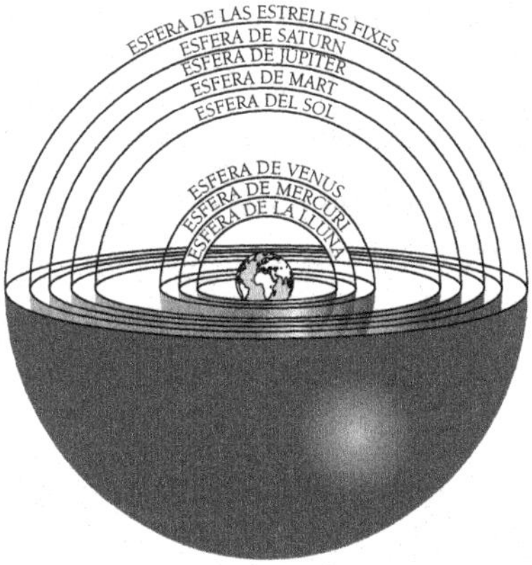

—Em sembla que hem arribat a mitja lliçó —esbufega en Francesc—. Em costa entendre a què fa referència.

—Aristòtil està compartint la seva teoria astronòmica. Em sembla que la vaig llegir en un capítol de la seva obra *L'esfericitat de l'univers*, si no recordo malament. Segons aquesta teoria, el cosmos es dividia en dues esferes o regions oposades: una era perfecta, la corresponent a les esferes celestes; i l'altra, imperfecta, la que concerneix a la Terra i a tot el que hi succeeix. Aquestes dues regions estan separades per l'esfera lunar. D'aquesta manera, el cosmos quedaria dividit entre el món supralunar i el món sublunar. Segons la visió d'Aristòtil, la Terra, imperfecta però situada en el centre de l'univers, la componen quatre elements fonamentals: terra, aigua, aire i foc. Tots els moviments que es produeixen en aquesta esfera imperfecta són rectilinis i esporàdics. Tanmateix, les esferes celestes estan formades per un cinquè element, l'èter, també conegut com a quinta essència. En les esferes celestes, els moviments són perfectes: circulars, continus i en esferes concèntriques.

Després d'aquest aclariment, tornem a parar atenció al discurs d'Aristòtil.

—Hi ha tres classes d'éssers: el que és mogut, el que mou i el terme mitjà entre el que és mogut i el que mou, un ésser que mou sense ser mogut, un ésser etern, essència pura…

—Parla de Déu i de l'origen del moviment de les coses —em xiuxiueja en Francesc—. Em sembla que se'n diu teoria del primer motor; la vaig haver d'estudiar per a un examen de filosofia. Vol dir més o menys el següent: un objecte es mou perquè l'impulsa un altre, el qual, per la seva banda, abans ha estat impulsat per un objecte. Però si tirem enrere… la pregunta és: on va començar el moviment?

—Respondre a això és tan difícil com dir el que hi havia abans del Big Bang.

—Per a Aristòtil, aquest origen és Déu, el primer motor que transmet el moviment a totes les coses i ho fa a través de l'atracció, de la mateixa manera que «l'amat mou l'amant», em sembla que deia.

Un jove deixeble, assegut a la fila del davant, es gira amb el nas arrufat. És evident que ens convida a callar i escoltar el mestre, que en aquell moment cedeix el protagonisme a l'ancià que ens havia acompanyat.

Sorpresos, veiem que aquell home de barba blanca i nas prominent comença a parlar:

—Imagineu una mena d'habitatge cavernós i subterrani, amb una entrada molt llarga...

—Una altra vegada Plató i la seva caverna! —exclama un espectador.

En sentir el comentari, clavo un cop de colze a en Francesc i dic emocionada:

—El vell que ha vingut amb nosaltres era Plató!

El meu company em mira amb terror.

—Sonia, t'està caient la barba!

Alguns dels homes que ens envolten comencen a mirarnos amb suspicàcia.

—Toquem el dos abans de ficar-nos en un embolic —dic, esperitada—. És hora de tornar a la màquina.

Quan s'obre la porta de la màquina i apareixem, sans i estalvis, a l'estudi de casa, respirem tranquils.

—No em puc creure el que acabem de viure! —exclama en Francesc amb entusiasme—. Hem anat fins a l'Acadèmia amb Plató i hem assistit a una classe d'Aristòtil...

—Vaig a preparar un te verd. Ens ajudarà a concentrarnos. Només ens queden uns minuts abans d'emprendre el pròxim viatge.

—El pròxim? —pregunta el meu amic mentre poso la bullidora al foc.

—És clar —dic, orgullosa—. No pensaràs que el viatge s'acaba aquí, oi? Gràcies a aquest primer salt en el temps, ja sabem quina era la cosmologia de la Grècia antiga. Una visió que, a la seva manera, va ser adaptada per l'Església catòlica fins més enllà del segle XVII. Dos mons que obeïen lleis molt diferents: el món terrestre i «imperfecte», on habitaven els homes amb totes les seves debilitats i passions, i el de les esferes celestes, que hom creia «harmoniós i perfecte», i que estava habitat per àngels i dimonis.

—Ja em vaig situant —diu en Francesc mentre fa un glop de te—. La veritat és que m'estranya una mica que unes persones tan sàvies tinguessin una visió del món tan fantasiosa.

—No ho consideris tan a la lleugera. Qui sap si les nostres «veritats provisionals» també estan arribant a la fi... —li contesto mentre preparo la propera disfressa—. Però ara continuem seguint el curs de la història. En el nostre proper salt temporal ens remuntarem cinc segles enrere, quan Galileu i Kepler van iniciar una revolució que va desbancar la ciència antiga i va donar lloc a la Il·lustració.

Demano al meu company d'aventures que s'afanyi i es posi la roba que li he donat.

—Ara coneixerem un d'aquells rebels que van assumir la perillosa tasca d'unir el cel i la terra.

Torno a empènyer en Francesc a l'interior de la màquina.

L'ASTRÒNOM ERRANT

Disfressats de servents, apareixem amb èxit en els passadissos gèlids d'un castell del segle XVII.

—Bé, i ara on hem d'anar? —pregunta en Francesc.

—Si els meus càlculs són correctes, en qualsevol moment podem trobar Johannes Kepler i els seus ajudants.

Un soroll metàl·lic ressona pel passadís. Al lluny distingeixo la silueta d'una parella de soldats que s'acosten a nosaltres.

Abans que ens descobreixin com a intrusos, dic a en Francesc que s'afanyi a córrer en direcció oposada. Tan bon punt trobem la primera porta —que afortunadament no està tancada—, ens amaguem en un racó de l'estança per evitar-los.

Tornem a respirar tan bon punt sentim passar de llarg els soldats. Una mica més tranquils, ens adonem que hem entrat en una cambra que sembla un estudi. Al centre de l'habitacle hi ha una gran taula plena de llibres i pergamins.

En Francesc es mira amb curiositat els documents que farceixen l'estudi, i a mi em crida l'atenció un artefacte abandonat en un lateral de l'estança. El reconec de seguida.

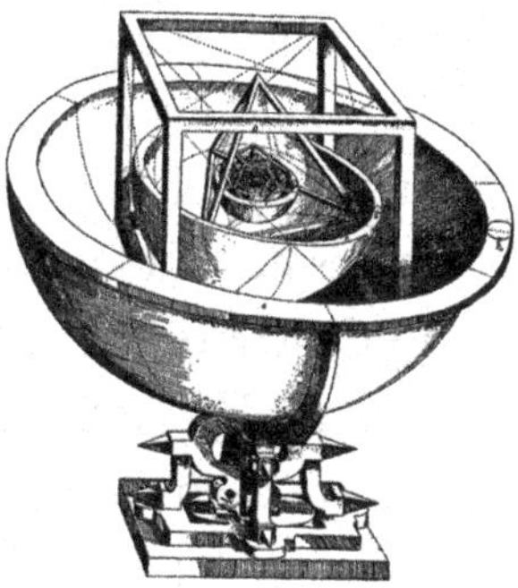

—Vine a veure això! Ho reconeixes?

—No exactament... Què és?

—És el model cosmològic que Kepler va desenvolupar en la seva obra *Mysterium cosmographicum* ('El misteri còsmic'), basant-se en els sòlids regulars de Pitàgores. El nostre protagonista creia en l'heliocentrisme de Copèrnic, és a dir, que el centre de l'univers era el Sol, i no la Terra. Malgrat que aquesta era una idea perillosa per la qual Galileu va ser condemnat, Kepler la va abraçar amb fervor, convençut que reforçava la seva fe.

—Què té a veure el Sol amb la fe?

—Per a Kepler, igual que per als antics egipcis, el Sol era la imatge perfecta de Déu, i havia d'ocupar un lloc central en el cosmos, mentre que la resta dels planetes eren els que donaven voltes, en cercles perfectes, al seu voltant. Però les dades que havia recopilat de Copèrnic no encaixaven amb aquesta bella teoria. Per això va venir aquí, a Praga, per accedir als mesuraments del millor astrònom d'aquella època, Tycho Brahe. Estava convençut que aquestes dades serien la clau que li permetria obrir les portes que amagaven els misteris dels cels.

—Recordo haver llegit alguna cosa sobre Brahe. Crec que aquest noble excèntric es va fer famós perquè va perdre un tros de nas en un duel, i es va veure obligat a dur una pròtesi d'or.

—Això mateix. Però Tycho no el va rebre amb els braços oberts. Sembla que recelava del jove Kepler i, davant dels seus aduladors, es burlava sovint d'aquell pagès que pretenia resoldre el misteri del cosmos. Només de tant en tant, després d'aquells banquets regats amb abundància de vins, deixava anar alguna informació amb comptagotes al jove teòric, que s'afanyava a anotar-la febrilment. Però tot això va canviar quan Tycho va morir. En el llit de mort, com si fos un mantra, l'astrònom no parava de repetir les paraules següents: «*Non frustra vixisse videor*», és a dir, «que no hagi viscut debades». Brahe va llegar la tasca de tota la seva vida, les seves valuosíssimes observacions planetàries, a Kepler.

La porta de l'habitació s'obre d'una revolada. La por que ens descobreixin em paralitza.

—Posa't a netejar —em xiuxiueja en Francesc, amb un cop de colze—. Dissimula!

Comprovo que les tres persones que acaben d'entrar estan tan immerses en les seves càbales que ni tan sols s'han adonat que no som servents de la casa.

—Ho hem aconseguit —dic dissimuladament—. El de la barba és Kepler. Escolta amb atenció.

—No pot ser —es queixa Kepler—. Com és possible que el més important dels geòmetres hagi escollit una forma tan imperfecta per al món celeste?

Sense que se n'adonin, xiuxiuejo una puntualització a en Francesc:

—Kepler anomenava Déu el Diví Geòmetra...

—No podria ser que hi hagués un error en els mesuraments de Brahe? —prova de complaure'l un dels col·laboradors.

—És veritat que Tycho era un excèntric, però la perfecció de les seves observacions era inqüestionable. Sabia molt bé que hi havia alguna cosa que no encaixava, per això va insistir a estudiar la trajectòria de Mart.[1] Ara ja pots descansar tranquil, Tycho. *Non vixit in vanum*, mestre. No has viscut debades.

Kepler s'ensorra en el seient de l'escriptori i murmura:

—La veritable naturalesa, que jo havia rebutjat i havia fet fora de casa, ha tornat sigil·losament per la porta del darrere i s'ha presentat disfressada perquè jo l'acceptés. Que n'he estat, de beneit!

Acte seguit, s'alça d'un bot i exclama:

—Ara no puc negar l'evidència. La trajectòria de Mart és aquesta forma allargada i imperfecta que s'assembla a un oval:

1. Els altres planetes dibuixen una forma molt menys el·líptica que Mart, de manera que Tycho va aconsellar correctament el seu deixeble quan li va recomanar que estudiés l'òrbita d'aquest planeta. Sense aquesta observació, potser Kepler no hauria formulat mai les seves tres lleis.

l'el·lipse. Després de tant temps... m'he de conformar amb aquest carro de fems!

Dit això, Kepler, seguit pels seus alumnes, surt de l'habitació donant un cop de porta.

Tornem a quedar-nos sols.

—Òndia, no sembla precisament content —diu en Francesc mentre recull els papers que Kepler ha llançat en aixecar-se.

—És clar que no està content! Després de molts anys d'estudi, va haver de claudicar i acceptar els fets amb valentia: la seva devoció pel cercle perfecte havia estat una il·lusió. Finalment va abandonar la idea de les òrbites circulars i, en conseqüència, la seva fe en el Diví Geòmetra. Aquest cop a les seves creences va fer possible que Kepler desenvolupés les seves famoses tres lleis.[2]

—Vine a veure això —m'interromp en Francesc, assenyalant uns papers—. Si no vaig errat, és una carta de Galileu!

—Sí que ho és! Tots dos van ser contemporanis i van arribar a cartejar-se.

—Em sembla entendre que Galileu li envia la informació per fabricar un telescopi...

—Sí, l'any 1609 Galileu aconsegueix un telescopi per primer cop. De seguida va quedar fascinat per aquest aparell. «Doneu-me un punt de suport i bellugaré el món», deien a l'antiguitat. Per a Galileu, el punt de suport va ser el telescopi, perquè va posar en moviment una cosa que fins aleshores havia estat immòbil i central: la Terra.

—Aleshores, el telescopi ja existia abans de Galileu?

—Sí, però s'utilitzaven bàsicament com a instrument per a la navegació. Va ser Galileu qui va tenir prou astúcia per modificar-lo i prou coratge per enfocar-lo cap a les immensitats del cel. Va ser un pas més per desmuntar el mite de les esferes ce-

2. Desenvolupades a l'apèndix que correspon a aquest capítol.

lestes. En aquell temps es creia que la Lluna era una bola perfecta.

—Com un formatge d'Edam —afegeix en Francesc, fenthi broma.

—Però quan va enfocar el satèl·lit amb l'invent millorat, va descobrir rugositats, valls i muntanyes que contradeien la concepció aristotèlica segons la qual els cossos celestes eren esferes perfectes.

—Ei, vosaltres, ganduls! —Ens crida l'atenció un guàrdia, de la porta estant.

El meu company es queda pàl·lid i jo tampoc dec estar gaire més tranquil·la. El cor em batega amb tanta força que de ben segur s'escolta des del segle XXI. Ens han enxampat amb els papers de Galileu a les mans.

—Com que sou nous, us toca anar a netejar els fems dels estables —ordena el soldat, sense adonar-se del que estem fent.

Agafo la mà d'en Francesc, que segueix paralitzat, l'arrossego fora de l'estudi i sortim corrent per evitar l'amenaça de les quadres.

—Escolta, Sonia, la propera vegada que vinguem, serà millor que ens disfressem de reis.

Un cop tornats a l'estudi de casa, ens traiem les aparatoses disfresses del segle XVII i en Francesc s'ofereix a preparar un altre te.

—Genial, ens anirà molt bé —accepto mentre m'assec a taula—. Així tindrem temps per fer un breu repàs de les coses que hem viscut. Hem visitat el període de temps en el qual «va néixer» la física en el sentit modern del terme.

—Què vols dir?

—Per a Galileu, era essencial demostrar les teories científiques mitjançant experiments i càlculs precisos. Com va dir ell mateix en una de les seves obres, «la Naturalesa és descrita en llenguatge matemàtic». Des d'aleshores, posar a prova les prediccions teòriques ha estat un signe de bona ciència: el mètode científic.

—Òndia, em pensava que la ciència sempre havia seguit aquesta metodologia.

—No, home! Aquesta manera de pensar desafiava les idees de la filosofia aristotèlica, que perduraven en la Itàlia renaixentista. Els científics de l'Edat d'Or eren capaços de discutir teories enfrontades fins a quedar esgotats: no arribaven mai a un consens. Acceptaven tot allò que semblava intuïtiu i racional. Per exemple, era evident que la Terra estava quieta perquè ningú podia notar que es bellugués sota els peus.

—Comprenc el raonament, té certa lògica.

—En realitat, seguim dient que el Sol surt per l'est i es pon per l'oest. El nostre llenguatge encara fa veure que la Terra no gira. I això que Galileu es va ficar en un bon embolic quan va dir allò de «i malgrat tot, es mou». També Kepler, com hem vist fa una estona, va haver de renunciar al cercle que tant estimava per acceptar el que indicaven les dades experimentals: que les òrbites són el·líptiques.

—Ja ho va dir Pope: «Errar és humà, rectificar és de savis, i perdonar és diví» —afegeix en Francesc.

—Segons sembla, la tomba de Kepler va quedar destruïda durant la guerra dels Trenta Anys. S'hi podia llegir l'epitafi que va escriure ell mateix: «Vaig mesurar els cels i ara mesuro les ombres. El límit de la meva ment era el firmament, el meu cos descansa tancat a la Terra». Si algun cop es reconstruís la tomba, la frase podria canviar-se, perquè estic d'acord amb les paraules que Carl Sagan li va dedicar en honor al seu coratge científic: «Va anteposar la dura veritat a les il·lusions més estimades».

M'aixeco per preparar la propera disfressa.

—Quina serà la parada següent? —pregunta en Francesc mentre recull les tasses de la taula.

—Enllestirem aquesta revolució amb una visita a un científic que va néixer el mateix any que va morir Galileu: Isaac Newton. Com ja hem vist, Kepler ja havia descobert que els planetes descriuen òrbites el·líptiques en comptes de cercles. Galileu, coetani seu, va ajudar a desmuntar el mite segons el qual els cossos celestes eren esferes perfectes, tot observant les irregularitats de la Lluna.

—Què quedava per dir? —pregunta en Francesc.

—Una cosa que no era pas menys transgressora. Newton, amb la seva teoria de la gravetat, demostra que la mateixa força que fa caure una poma de l'arbre és la que mou les estrelles i fa orbitar la Lluna al voltant de la Terra. Avui en dia sembla una obvietat, però per a les creences d'aquella època va ser com un tsunami. Davant l'astorament de col·legues i alumnes de Cambridge, va demostrar que les lleis que regeixen els moviments «imperfectes» del nostre món no són diferents de les que governen els cossos celestes divins.

—I així es va aconseguir unificar per fi el Cel i la Terra.

—Exactament. Déu deixava de ser necessari en un univers on la ciència i la raó passaven a ocupar el lloc de la divinitat.

El científic més brillant de la història

> La Naturalesa i les seves lleis romanien en la foscor.
>
> Déu va dir: «Que es faci Newton!» I es va fer la llum.
>
> ALEXANDER POPE

Sense pensar-ho dues vegades, entrem a la màquina del temps per dirigir-nos al segle XVIII. En un tres i no res, apareixem als jardins d'una gran mansió anglesa.

Encara queda més d'una hora per al crepuscle.

Se'ns apropa una majordoma amb cara de pomes agres i ens lliura una safata amb pastes i un te negre que fumeja.

—Vosaltres dos, porteu el te al senyor. Els cuiners han fet malbé el sopar i m'he d'encarregar de solucionar el desgavell.

Assentim obedientment.

—Per què sempre ens hem de disfressar de servents, Sonia?

—És la millor manera de passar desapercebuts. Ja t'he dit que qualsevol error per part nostra podria afectar el curs de la història...

Asseguts en una taula del jardí, sota l'ombra d'uns arbres frondosos, distingim Isaac Newton acompanyat d'un altre senyor. Conversen animadament.

—Si no ho he calculat malament —xiuxiuejo a en Francesc—, som a dia 15 d'abril de 1726. L'home que parla amb Newton és William Stukeley, el seu biògraf.

—Jo tenia vint-i-tres anys i estava estudiant a Cambridge quan va tenir lloc una gran plaga que va obligar a tancar el campus —explica Newton—. No em va quedar cap altra opció que recloure'm a la meva ciutat natal, Woolsthorpe.

—Tanmateix —li respon el seu entrevistador—, i pel que jo tinc entès, aquell temps no va ser precisament perdut.

—Durant aquell interval de temps —explico al meu amic—, amb el cap com a única eina, Newton va desenvolupar el càlcul diferencial i el càlcul integral. Així mateix, va arribar a la conclusió que la llum blanca es compon de diferents colors. També va ser aleshores quan va establir les bases de la teoria de la gravitació universal.

—Això sí que és treure partit de les hores! Tinc entès que també va inventar la gatera.

—Bona puntualització, aquesta no la sabia! En qualsevol cas, aquest període ha estat equiparat en la història de la ciència amb el 1905, l'anomenat *any miraculós* d'Einstein.

—Ai! —crida de sobte en Francesc, interrompent la conversa entre els dos homes.

Una poma ha caigut directament sobre el cap d'en Francesc.

Stukeley pregunta educadament al meu amic si es troba bé, mentre Newton, davant la nostra sorpresa, explica l'anècdota següent:

—Precisament la caiguda d'una poma, com aquesta que ha anat a parar damunt del cap d'aquest bon home, va ser el que em va obrir la ment a la idea de la gravitació. Per què la poma sempre es desplaça cap a terra? Per què no es desplaça cap a un costat o cap a dalt, i sempre es dirigeix cap al centre de la Terra?

Stukeley pren notes en una llibreta per no perdre detall de l'explicació.

—Si és necessària una força per a l'acceleració horitzontal —continua Newton—, per exemple, en el llançament d'una fletxa, també ha d'existir una força per a l'acceleració vertical de la poma. I aquesta força que empeny la poma cap a terra, per què no afecta, també, la Lluna? I si és així, per què no ens cau la Lluna al damunt?

—Va ser així com va concebre les seves dues grans idees —el lloa Stukeley—, la llei del moviment i la força de la gravetat.

—Ho vaig publicar a *Philosophiae Naturalis Principia Mathematica*, per insistència del meu bon amic Halley —reconeix Newton, satisfet—. La naturalesa no actua de qualsevol manera, és tan previsible com un mecanisme de rellotgeria.

—Halley ha predit fins i tot el retorn del seu estel —afegeix l'entrevistador.

La majordoma apareix en aquest instant per anunciar que el sopar està llest. Quan els dos cavallers s'aixequen i emprenen el camí cap a la casa, sentim les darreres paraules de Newton:

—No sé quina és l'opinió que el món deu tenir de mi, però jo em sento com un nen que juga a la vora del mar i es diverteix descobrint de tant en tant una pedra més llisa o una petxina més bonica del que és habitual, mentre el gran oceà de la veritat s'estén davant meu, encara tot per descobrir.

Un univers mecànic

Quan sortim de la màquina del temps, les darreres paraules de Newton encara ens ressonen al cap.

—Aquest era l'últim viatge que tenia programat —dic tota satisfeta al meu company d'aventures.

—Et sembla poc? Hem sigut testimonis de moments crucials de la història, i a més, ara m'ha quedat clar com ha anat canviant la nostra concepció del cosmos, des de Plató fins a Newton.

—En la visió mecanicista del món que va sorgir després d'aquesta revolució, la raó va acabar guanyant el pols a la religió.

—És això el que es coneix com física clàssica?

—Exacte, és el terme que fem servir per referir-nos als físics que van de Newton fins a final del segle XIX. Per a ells, l'univers era molt semblant a un gran mecanisme de rellotgeria. Tot allò que no tingués a veure amb la «Gran Màquina» quedava fora del camp de la física. Qüestions com el lliure albir o la consciència estaven reservades a la filosofia.

Abans de continuar observo detingudament un mapa que adorna el meu estudi.

—Coneixes l'anècdota de Laplace?

—Qui era?

—Un físic i matemàtic francès molt important, del segle XVIII. Diuen que Napoleó, en conèixer la seva obra *Exposition du système du monde*, li va dir: «M'han dit que vostè ha escrit un gran llibre sobre el sistema de l'univers sense mencionar ni una sola vegada el seu creador», i que Laplace li va respondre: «Senyor, mai no he necessitat aquesta hipòtesi». Quan Napoleó va explicar la conversa al matemàtic Lagrange, aquest li va argumentar: «Ah! Déu és una bella hipòtesi que explica moltes coses». Napoleó va reproduir aquestes paraules a Laplace, el qual va replicar de manera enginyosa: «Per bé que aquesta hipòtesi ho pugui explicar tot, no permet predir res».

—He llegit en algun lloc que es van establir quatre postulats de les ciències clàssiques —afegeix el meu amic.

—Potser van ser més, però repassem-los ara. El primer és que **l'univers es comporta com una gran màquina en un espai i un temps absoluts**. Tots els fenòmens físics es podien reduir i comprendre com a moviments més simples, produïts pels petits engranatges de la màquina, encara que fossin tan petits que no es poguessin veure.

—Aleshores, en aquest univers, el nou ofici de Déu era el de Mestre Rellotger.

—Sí, però de rellotger retirat, perquè quan tot estava en marxa, ja no hi tenia cap funció.

—Van jubilar Déu! Va, continuem fent la llista.

—Segon: **l'univers és determinista**. Si coneixem l'estat d'un objecte en moviment en un moment determinat, en podem predir l'estat futur i passat. **Tot té una causa i un efecte**, això no ho qüestionava ningú.

—Jo tampoc ho qüestiono.

—Tercer postulat: **l'energia s'explica mitjançant dos models físics diferents**: o **partícules** (com diminutes boles de billar) o **ones** (com les onades de la platja). Ambdós models s'exclouen mútuament. Ets una partícula o bé una ona.

—Com aquesta taula, que està feta de partícules, o la llum i el so, que són ones, oi que sí?

—I, finalment, hi ha la joia de la corona de la ciència: **l'objectivitat**. Des de l'altar del coneixement, els científics podien observar la naturalesa i estudiar-la. Partien de la certesa que allà fora existeix una realitat única i objectiva. És el que la filosofia anomenava materialisme.

—I com va afectar, aquesta visió del món, la vida quotidiana de les persones que no sabien física?

—De mil maneres. El llegat de Newton va permetre que els enginyers creessin les primeres màquines, i així es va iniciar una revolució industrial que va provocar després una revolució social. Van començar les migracions del camp a la ciutat, cosa que va produir, també, una revolució econòmica. Adam Smith, fent servir una analogia newtoniana, deia que una «força invisible» equilibraria l'economia i la política per al bé global.

—Ja s'ha vist que no sempre és així —comenta en Francesc mentre mira de reüll un diari que hi ha damunt la taula. En portada, el govern proposa noves retallades.

—El mecanicisme es va estendre a totes les esferes del coneixement... Fins que tots aquests postulats que he enumerat, un per un, van trontollar i van caure amb el naixement de la física quàntica.

L'ocell mecànic d'un rellotge de cucut canta les vuit del matí.

—Renoi! —exclamo—. Se'ns ha fet molt tard... Ja és de dia! Em sembla que ja n'hi ha prou per avui.

—Einstein tenia raó amb allò que el temps és relatiu: aquestes hores m'han passat volant. Què et sembla si et convido a un esmorzar amb partícules?

2

Quatre faules i un prejudici per comprendre la resistència al canvi

És més fàcil desintegrar un àtom que un prejudici.

ALBERT EINSTEIN

Segons la física clàssica, hi ha una realitat a fora, però, ¿i si els límits de la nostra pròpia realitat els marca «l'amplada de banda» de la nostra percepció sobre allò que ens envolta i els filtres que suposen els nostres prejudicis i interpretacions?

Buda deia que som allò que pensem, perquè la nostra manera de veure el món acaba donant forma a la nostra realitat.

Sempre penso en això en recordar una anècdota de quan vivia a casa dels meus pares. Tots els matins travessava un petit parc per anar a l'institut; unes roques blanques i planes, col·locades a manera de rajoles, dibuixaven un camí en forma de serp que permetia travessar el jardí sense trepitjar la gespa.

Recordo que la disposició de les pedres feia que hi hagués una incòmoda separació entre elles. Si volien seguir aquest camí, els vianants es veien obligats a avançar fent saltets. Per això, molts evitaven aquestes pedres tan molestes i passaven per la banda lateral esquerra.

Com que tots els veïns passàvem diàriament pel mateix lloc, l'herba va deixar de créixer en aquell lateral i es va acabar formant un sender alternatiu per travessar el jardí.

Quan passava pel caminet, em divertia pensar que les meves passes contribuïen a la creació d'aquella via alternativa.

Una tarda, en tornar de l'institut, vaig descobrir que els jardiners havien aixecat tota la gespa del jardí. Les flors, els gronxadors i els arbustos, i també la senda que entre tots havíem creat havien desaparegut.

El jardí s'havia convertit en un sorral.

Una mica desconcertada, em disposava a recórrer el sender ja desaparegut quan un nen va passar corrent pel meu costat perseguint una pilota. En comptes de seguir el camí que abans serpentejava pel parc, el va travessar de punta a punta tot dibuixant una diagonal perfecta.

Va ser aleshores quan em vaig adonar que els senders preestablerts havien desaparegut. Era completament lliure d'escollir un nou trajecte, el que jo volgués. Tots els camins possibles s'obrien davant meu.

Rutes mentals negatives

Uns anys més tard, vaig aprendre que els camins que emprenem en la nostra ment acaben generant vies que provoquen reaccions determinades. Per exemple, si no posem fre al costum de pensar malament dels altres, quan el camí mental ja estigui creat, als nostres ulls tothom esdevindrà un enemic.

Les connexions entre les neurones creen rutes concretes per les quals es transmet la informació. Com en el cas d'aquell jardí on les persones, després de passar centenars de vegades pel mateix lloc, acaben creant una senda que sembla única, tots nosaltres reaccionem sempre igual davant d'un estímul conegut. Ignorem que el camí el decidim nosaltres, és a dir, que cadascú escull la seva pròpia forma de pensar i de reaccionar.

Els processos automàtics negatius ens frenen i esdevenen una força limitadora. El conductor que crida i maleeix quan es queda atrapat en un embús podria mitigar l'estrès sintonitzant una emissora de música clàssica, però reacciona automàticament perquè ha creat un camí preestablert sense adonar-se'n. Si algú el filmés secretament durant l'atac de ràbia, l'aclapararia la sorpresa i la vergonya i canviaria immediatament d'actitud.

Podem ser víctimes de les nostres reaccions o ser-ne els conductors mestres. En darrera instància, som nosaltres els qui escollim tornar a recórrer, altra vegada, el mateix camí equivocat. La bona notícia és que també tenim llibertat per plantar-nos i no deixar-nos endur per la inèrcia del pensament negatiu.

En el pla dels hàbits i les rutines, hi ha gent que es resisteix a innovar en la feina o en la vida privada amb l'excusa que «això sempre s'ha fet així». D'aquesta manera, tasques que es podrien resoldre en deu minuts segueixen requerint més d'una hora, i algunes parelles s'enroquen sempre en les mateixes discussions sense buscar un nou camí més harmoniós.

Aquesta actitud la resumeixen les provocadores paraules d'Albert Einstein: «No hi ha res que sigui un signe més clar de demència que fer una cosa repetidament i esperar que els resultats siguin diferents».

Un instant de creativitat

La pregunta essencial és: de quina manera puc esborrar els camins del meu cervell, com van fer els jardiners d'aquell parc? Ens cal un instant de creativitat en el qual s'esvaneixin les rutes preestablertes i s'obrin una infinitat de camins possibles.

Els mestres zen fan servir un mètode singular per instruir els novicis en el *satori* o estat d'il·luminació: els *koan*.

Els *koan* consisteixen en frases aparentment absurdes que plantegen un problema que no es pot resoldre a partir del pensament racional. Probablement, el *koan* més conegut és aquell en què el mestre aplaudeix i planteja: «Aquest és el so de dues mans, però, quin és el so d'una sola mà aplaudint?».

Amb aquestes endevinalles, el pensament lògic topa amb una paradoxa i queda bloquejat. Aleshores, la millor manera de procedir és deixar que el «pensament lateral», la intuïció, agafi les regnes. El *koan* ens penetra i ens queda ben endins i, al cap d'un temps, de manera espontània, neixen idees noves.

Les empreses utilitzen sovint aquestes tècniques en dinàmiques de pluja d'idees. En aquestes sessions sorgeixen idees que semblen absurdes però que poden arribar a ser revolucionàries com, per exemple, què passaria si en un caramel, hi afegim un pal? O bé, per què no elaborem un refresc de color negre?

Ens sona?

Crear camins nous

Albert Einstein va ser una de les figures més carismàtiques del segle XX, no solament per les seves contribucions a la ciència, sinó també per la seva manera trencadora de pensar i d'innovar.

L'any 1905, l'any miraculós que ja hem esmentat abans, va publicar tres treballs que van revolucionar del tot el món de la física. En aquests articles, Einstein va aplicar allò que més tard va resumir amb aquestes paraules sàvies: «No podem resoldre els problemes fent servir el mateix nivell de pensament que vam fer servir quan van ser plantejats».

Segles abans, Alexandre el Gran havia solucionat un problema antiquíssim que semblava impossible de resoldre. Les llegendes orientals parlaven de l'existència del «nus gordià», un nus extremament complex que unia dues cordes. Segons la tradició, qui fos prou savi per desfer el nus gordià conqueriria l'Orient.

Quan Alexandre el Gran es disposava a dominar l'imperi persa, es va enfrontar al repte de resoldre el nus gordià. Va solucionar el problema de manera dràstica, tallant netament el nus amb la seva espasa. I efectivament, amb una audàcia similar, Alexandre va conquerir Àsia.

D'aquí neix l'expressió «complicat com un nus gordià», quan fem referència a un problema de difícil resolució i que només admet solucions creatives o de pensament lateral.

El pensament lateral va permetre que Albert Einstein fantasiegés i s'imaginés damunt d'un raig de llum, cosa que li va permetre deixar de banda la idea d'un espai-temps absolut. El seu punt de vista sobre la naturalesa de la llum, completament nou, va contribuir en gran mesura al naixement de la física quàntica.

Tal com veurem en els propers capítols, quan ens endinsem en el món fantàstic de la quàntica, de seguida trobarem successos extraordinaris: els objectes poden existir en més d'un lloc al mateix temps, allò que aparentment és sòlid està buit, i un gat pot estar viu i mort a la vegada.

Aquestes paradoxes, com si fossin *koan*, desmunten completament les nostres estructures mentals i donen pas a un estat de «confusió», que és el llindar que porta al pensament creatiu. És en aquest instant que el nostre cervell, com aquell jardí, esdevé un sorral on tots els camins són possibles.

El món ha canviat més en els darrers cent anys que en tota la història de la humanitat. Per això avui, més que mai, hem de tenir presents les paraules d'Alvin Toffler: «Els analfabets del segle XXI no seran els que no sàpiguen llegir i escriure, sinó els que no puguin aprendre, oblidar el que han après i aprendre una altra vegada».

CANVI DE PARADIGMA

Thomas Kuhn, historiador i filòsof de la ciència, en l'obra *Estructura de les revolucions científiques*, va crear el terme *paradigma* (i *canvi de paradigma*), per analitzar les circumstàncies i processos als quals s'ha sotmès la comunitat científica al llarg de la història.

De la tasca de Kuhn en podem destacar les etapes següents:

0. Fase precientífica

Té lloc una sola vegada en cada civilització. És el període anterior a l'existència d'algun tipus d'estructura o consens científic.

1. Ciència normal

En aquesta fase, els científics realitzen investigacions en un marc de referència establert, és a dir, dintre d'unes lleis i teories acceptades com a veritables.

Hi ha la creença implícita que tots els fenòmens es podran explicar amb aquestes teories. No obstant això, a mesura que avancen les investigacions, comença a aparèixer allò que Kuhn va denominar anomalies.

Les anomalies són fenòmens observats que no es poden explicar dins del marc de referència establert. Les teories existents no aconsegueixen donar-los resposta.

Quan aquestes anomalies són poc abundants i tenen un impacte lleuger, la seguretat del paradigma establert no corre perill. Tanmateix, quan aquestes anomalies arriben a un punt crític, la comunitat científica comença a perdre la confiança en el sistema establert i en el seu conjunt de *veritats*.

És aleshores que comença la fase següent.

2. Crisi

La comunitat científica se centra en l'estudi de les anomalies i focalitza els esforços a trobar teories alternatives que puguin explicar aquests nous fenòmens, encara que contradiguin idees que abans eren inqüestionables.

En aquesta fase de ciència revolucionària sorgeixen múltiples teories, algunes de les quals són força estrambòtiques. Es tracta d'un dels moments més creatius de la ciència. Finalment, una d'aquestes propostes noves sobresurt entre les altres i l'adopta la major part de la comunitat científica, cosa que dóna pas a l'etapa següent.

3. Nou paradigma

Aquest procés no s'acaba aquí, sinó que, de manera cíclica, torna al punt 1.

Val la pena observar que la comunitat científica té tendència a parar molta atenció a les anomalies, en comptes d'ocultar-les (com passa en l'àmbit financer o polític). Per a la ciència, aquestes anomalies són essencials per avançar. Fer el contrari, amagar-les, només serveix per perpetuar la fase de crisi, cosa que no és gaire intel·ligent.

Primera faula: els micos i els plàtans

L'any 1967, un equip de científics liderat per Stephenson va dur a terme l'experiment següent: van tancar cinc micos en una gàbia, i al centre hi van col·locar una escala amb uns quants plàtans apetitosos al capdamunt.

El mico més espavilat i ràpid de seguida es va aventurar a pujar els graons per aconseguir el botí. En aquell mateix instant, els científics van ruixar la resta de micos, que eren a terra, amb aigua glaçada.

Al cap de poca estona, els micos van deduir que cada vegada que un d'ells pujava a buscar els plàtans, els que es quedaven a baix rebien, com a càstig, el raig d'aigua freda.

Com a resultat de l'aprenentatge, cada vegada que un feia el gest de pujar l'escala, els altres es llançaven damunt l'aventurer i s'hi barallaven per dissuadir-lo de provar la fita.

Passat un temps, cap dels micos es va atrevir a pujar dalt de l'escala, tot i la temptació dels plàtans.

En aquell moment, els científics van decidir canviar un dels micos. El nouvingut, en veure aquella fruita tan fantàstica, es va disposar a enfilar-se per l'escala. La resta de micos el va fer baixar ràpidament, i li van clavar una bona surra. Després d'intentar-ho més vegades i de rebre mil i un cops, el nou integrant del grup va renunciar al premi, tot i que mai no va arribar a entendre la raó de les surres.

Un segon mico va ser substituït, i va passar exactament el mateix. Aquesta vegada, el primer substitut es va afegir amb entusiasme a la surra que va rebre el segon.

Els científics van anar canviant els micos un per un, fins que no en va quedar cap dels primers. Eren cinc micos que havien renunciat a pujar a buscar els plàtans, i que estaven disposats a colpejar qualsevol que s'atrevís a enfilar-se, tot i no haver rebut mai un raig d'aigua freda.

Aquesta faula fa que ens preguntem: ¿a quants plàtans renunciem a canvi de continuar carregant creences antigues?

A continuació veurem una altra història que explica com es construeix un dogma.

SEGONA FAULA: EL GAT DEL TEMPLE

Un relat tradicional hindú explica que hi havia un famós guru que s'asseia en un temple a pronunciar les seves oracions, i que, aleshores, un gat del veïnat acostumava a entrar i a distreure els congregats. Això va fer que finalment el sacerdot ordenés que lliguessin el felí a una columna durant el servei religiós. Quan el guru va haver mort, el gat va continuar lligat durant les oracions. Un cop mort l'animal, els fidels van dur al temple un altre gat, i el lligaven mentre practicaven el culte. Segles més tard, els deixebles del guru van escriure uns tractats molt saberuts sobre el significat litúrgic de lligar un gat a la columna durant el servei diví.

TERCERA FAULA: EL DIA DE LA MARMOTA

Amb un dels arguments més originals que ha plantejat la indústria de Hollywood, la comèdia *Groundhod Day* ('El dia de la marmota'), dirigida per Harold Ramis i estrenada a Catalunya amb el nom d'*Atrapat en el temps*, és una faula divertida i esclaridora sobre la inèrcia.

El protagonista (Bill Murray) és l'home del temps d'una cadena de televisió que viatja a una petita població de Pennsylvania on cada 2 de febrer se celebra «el dia de la marmota», una tradició que pronostica quant de temps manca per a l'arribada de l'hivern, seguint la conducta d'un d'aquests animals.

Després de les preses de rigor, el periodista, fastiguejat, es disposa a tornar a la ciutat on viu, però una tempesta de neu l'obliga a passar la nit al poble. L'endemà al matí, al radiodespertador sona la mateixa cançó que el dia anterior, «I Got You Babe», i a mesura que es vesteix, esmorza i surt al carrer, el protagonista descobreix amb sorpresa que està tornant a viure el «Dia de la Marmota».

El gran èxit d'aquesta pel·lícula va ser, en gran part, el fet que milions d'espectadors es van identificar amb la situació del protagonista. Quan tots els dies que vivim s'assemblen a l'anterior, i és poc probable que l'endemà sigui diferent, ens sentim atrapats en el nostre «dia de la marmota» particular.

El desenllaç de la pel·lícula ens proporciona una bona pista per trencar aquest bucle vital que ens omple d'apatia i aclaparament. Quan no deixem que els esdeveniments ens arrosseguin i comencem a introduir canvis efectius en el nostre dia a dia, la marmota deixa de marcar el temps.

Sobre aquesta qüestió, va bé recordar la frase enigmàtica amb la qual començava l'aventura quàntica del protagonista de *La porta dels tres panys*: «Si vols que passin coses diferents, deixa de fer sempre el mateix».

Quarta faula: l'elefant i l'estaca

El conte més conegut del psicoterapeuta i escriptor Jorge Bucay il·lustra de manera diàfana en què consisteix una barrera psicològica en la vida quotidiana. Ho fa explicant la història d'un elefant.

Un infant observava en un circ un exemplar de grans dimensions que, després d'haver demostrat l'enorme força que tenia durant el seu número, romania lligat a una petita estaca clavada a terra, amb una cadena que li subjectava les potes.

Era evident que un elefant d'aquella envergadura havia de ser capaç d'alliberar-se amb facilitat del pal de fusta i fugir.

El nen es preguntava què subjectava l'animal, aleshores. Per què no marxava? Quan va traslladar el seu dubte als adults, li van respondre que l'elefant no s'escapava perquè estava ensinistrat. «Però, si està ensinistrat, per què l'encadenen?», va preguntar aleshores el nen. I ningú li va saber respondre.

Molts anys més tard, algú li va explicar que aquella bèstia del circ no fugia perquè des de molt petit l'havien lligat a una estaca com aquella. L'elefant petit havia empès, havia fet força i havia suat provant de deslligar-se. Tot i els esforços no se'n va sortir, perquè l'estaca era massa gran per a ell. L'animal ho va intentar fins a l'esgotament, dia rere dia, fins que va acceptar la seva impotència i es va resignar a aquell destí. I a dia d'avui, l'elefant enorme i poderós no fuig perquè encara es pensa que no pot. Té gravat el record del seu fracàs, quan era deu cops més petit. Mai no ha tornat a posar a prova la seva força.

Com l'elefant del conte, moltes persones que en el passat van ser incapaces d'aconseguir alguna cosa (trobar parella, canviar de feina, aprendre un idioma o una nova habilitat) continuen lligades a una estaca que podrien fer caure fàcilment si fessin un pas endavant.

INDEFENSIÓ ADQUIRIDA

El psicòleg nord-americà Martin Seligman va encunyar aquest terme per explicar per què, sota determinades circumstàncies, els éssers humans acceptem el dolor i el patiment sense enfrontar-nos-hi.

Als anys setanta, Seligman i el seu equip de col·laboradors van dur a terme l'experiment següent:

Un primer grup de gossos, penjats d'uns arnesos, rebien descàrregues elèctriques continuades. Els animals no podien fer res per evitar-les.

El segon grup de gossos, penjats exactament del mateix dispositiu, també rebien les descàrregues elèctriques. Ara bé, aquest segon grup disposava d'un botó que els quedava a l'abast del morro. Si el pitjaven, la descàrrega es desactivava.

Després de deixar passar el temps suficient perquè el segon grup aprengués a estalviar-se les descàrregues i el primer es resignés a rebre-les, els científics van col·locar tots els gossos en una gàbia nova. Aquesta gàbia estava dividida en dues parts: en una meitat del terra es produïen descàrregues elèctriques, mentre que a l'altra meitat la tortura no es posava en pràctica. Només un petit esglaó separava les dues meitats.

Es van posar tots els gossos a la meitat de les descàrregues.

Els animals que havien format part del primer grup, i que no havien tingut cap opció d'estalviar-se les descàrregues, s'arrauli-en en un racó i es resignaven al patiment. Per contra, els gossos que havien après a aturar les descàrregues pujaven l'esglaó i se situaven feliçment a la meitat de la gàbia on no funcionava el dolorós dispositiu.

D'aquest experiment es dedueix que la iniciativa i la indefensió es poden aprendre.

Un prejudici: la barrera dels deu segons

Quan es parla de creences limitadores i fronteres psicològiques, sovint s'explica el que va succeir amb la barrera dels 10 segons en la prova dels 100 metres llisos.

Fins l'any 1968 es considerava totalment impossible cobrir aquesta prova en menys de 10 segons. Era una veritat absoluta que l'afroamericà Jim Hines es va encarregar de posar en evidència quan va assolir una marca de 9,95. En una entrevista, Hines va confessar que el seu secret era córrer pensant que «la cursa no s'acaba mai».

Però això no va ser pas el més sorprenent. Per bé que aquesta barrera es va mantenir durant més de set dècades, durant les quals van tenir lloc jocs olímpics i altres certàmens, només van passar nou anys fins que un altre atleta, Silvio Leonard, tornés a baixar dels 10 segons. El tercer, Carl Lewis, ho va fer cinc anys i mig més tard. Un mes i mig més tard, Calvin Smith batia novament la marca.

Què havia passat? Una cosa molt senzilla: en demostrar-se que un ésser humà podia córrer els 100 metres en menys de 10 segons, els atletes van bandejar la *veritat absoluta* segons la qual era impossible fer-ho i, un cop eliminada aquesta barrera psicològica, van anar batent la marca cada vegada més sovint.

En l'actualitat, baixar per sota de 10 segons és un resultat habitual d'aquesta categoria per a molts atletes en curses de màxim nivell.

D'aquesta manera, a més de trencar un prejudici, Jim Hines va fer caure un mur mental entre els corredors futurs. El fre de la impossibilitat havia esdevingut el repte del que era possible.

3

Els 29 de Solvay

> L'univers comença a assemblar-se més a un gran pensament que no pas a una gran màquina.
>
> SIR JAMES JEAN

Em desperta una sacsejada violenta. Passem per una zona de turbulències. Embafada encara per la son, veig en Francesc al meu costat. Continua revisant notes a la Moleskine amb una expressió preocupada. M'explica que quan feia el batxillerat sempre suspenia l'assignatura de Física, i per això té por de no entendre res del que es parlarà al congrés.

—Saps què deia Feynman, un dels grans genis de la física moderna? —li dic per tranquil·litzar-lo mentre les hostesses de l'Airbus 320 reparteixen cafè i galetes—. Assegurava que ningú entén del tot la mecànica quàntica. Per això recomanava als que s'interessaven per la matèria que «es relaxessin i en gaudissin», perquè si el que vols és entendre com pot ser que la naturalesa es comporti d'una manera tan estranya, et ficaràs en un atzucac. «Ningú no comprèn la mecànica quàntica», deia.

El meu company de viatge somriu i em confessa:

—He estat llegint alguns dels principis de la física moderna, i m'he desanimat una mica, per dir-ho d'una manera suau... Em costa de creure: partícules que travessen parets, que poden estar a dos llocs alhora... no entenc res!

—Les coses que ens semblen racionals no són les úniques que es poden comprendre... Una vegada Niels Bohr va dir que si la mecànica quàntica no et deixa perplex, és que no l'has entès.

—Si precisament els pares d'aquesta teoria extravagant en deien aquestes coses... no seré jo qui els desafiarà.

—És clar que ho faràs! —l'encoratjo—. Per això som aquí, per endinsar-nos en el fantàstic món de la quàntica.

Fem una pausa per prendre el cafè i les galetes.

—Quan em vas demanar que t'acompanyés a aquest congrés de Brussel·les em vas dir que era un lloc simbòlic per iniciar el nostre viatge quàntic. Què té d'especial, aquesta ciutat?

—Va ser precisament a Bèlgica on es van celebrar les conferències científiques que van reunir els pares de la teoria quàntica: les Conferències Solvay.

Les hostesses de vol ja recullen les restes de l'esmorzar. Falten pocs minuts per aterrar.

—Porten el nom del químic industrial belga Ernest Solvay —continuo l'explicació—, perquè es van poder celebrar gràcies al seu mecenatge. A la primera, que va tenir lloc la tardor de 1911, s'hi van convidar una vintena de científics rellevants. El tema principal era «la radiació i els quàntums». Entre tots els participants, el segon físic més jove era Albert Einstein. En aquell temps no era ni de bon tros el científic més reconegut, en un congrés on participaven Marie Curie, Poincaré, Planck, Lorentz, Langevin, James Jean, Rutheford...

—Déu n'hi do quina reunió de cervellets...

—Més que això... Una reunió de cervellets cèlebres! En el fullet del congrés hi ha una imatge d'aquesta primera conferència —dic mentre li ensenyo la fotografia—. Hi reconeixes el jove Einstein?

Les hostesses ens recorden que ens hem de cordar els cinturó. L'avió inicia l'aterratge a l'aeroport de Brussel·les.

Dins del taxi, camí de l'hotel, en Francesc reprèn la conversa:

Imatge de la primera conferència Solvay del 1911.

—Aleshores, aquesta conferència va ser com un tret de sortida per a la teoria quàntica... Per cert, quin és l'origen del terme *quàntic*?

—La paraula *quàntica* neix l'any 1900 gràcies a Max Planck. Un científic estricte que, a desgrat d'ell mateix, va esdevenir un revolucionari en tota regla quan va descobrir que la radiació se saltava totes les lleis físiques conegudes fins aleshores.

—I què passava amb la radiació?

—Tot i que al final del segle XIX es creia que gairebé tot estava explicat, un enigma continuava enterbolint l'horitzó clàssic: la radiació tèrmica. Quan escalfem un objecte, per exemple un tros de metall, fem que els seus electrons vibrin més de pressa. Quan un electró es mou, emet una radiació. Simplificant-ho molt, podem dir que emet llum. Per això, quan el metall està molt calent, canvia de color: el veiem vermell, taronja, i si l'escalféssim prou, fins i tot blavós.[1]

1. Tot i que el color blau no l'aconseguim a la Terra perquè a aquestes temperatures els materials es vaporitzarien, al cel sí que hi podem veure estrelles blaves calentes.

—Això sí que ho entenc. És cert que el ferro, en fondre's, canvia de color. Ho he vist als documentals.

—També pots notar l'escalfor de la radiació que emet el palmell de la mà si te l'apropes suaument a la cara.

En Francesc reprodueix el que acabo de dir per experimentar-ho en pell pròpia, mentre jo continuo l'explicació:

—Els físics van intentar descriure el fenomen de la radiació mitjançant la teoria clàssica, però no se'n van sortir. D'aquest fracàs en van dir «la catàstrofe ultraviolada».

—Sembla un títol de ciència-ficció.

—Realment va ser una catàstrofe perquè, segons diu una equació de la física clàssica, ningú podria seure davant d'una xemeneia encesa, ja que la radiació que emeten les brases ens socarrimaria a l'instant.

—No eren gaire romàntics, oi?

—Planck va trobar l'explicació correcta sobre el perquè una parella es pot abraçar a la claror d'una xemeneia sense perill de carbonitzar-se —contesto, seguint-li la veta—. Però el que va descobrir no li va agradar. La física clàssica assumeix que l'electró del material escalfat irradia energia quan vibra. L'energia, segons els antecessors de Planck, es perdia de forma contínua: de la mateixa manera que quan un nen es gronxa es va frenant poc a poc amb el fregament de l'aire, fins a aturar-se totalment —miro de reüll en Francesc per veure si em segueix—, Planck es va escandalitzar en comprovar que els electrons se salten les normes clàssiques, ja que, en comptes d'irradiar o perdre energia amb suavitat, ho fan en petits paquets indivisibles d'energia que ell va anomenar *quàntums*. Aquests paquets o quàntums estan determinats per l'anomenada *constant de Planck* o *h*. Per entendre'ns, es com si el nen que es gronxa s'anés frenant a base de petites estrebades.

—És estrany... Si la naturalesa es comporta com dius, per què quan els nens es gronxen no els veiem fent salts?

—En realitat sí que en fan, però aquests salts d'energia són tan petits que l'ull humà els percep com un moviment continu.

—Ser el pare de la física quàntica no em sembla una cosa de què penedir-se. Per què dius que es va escandalitzar i que va fer aquest descobriment «a desgrat d'ell mateix»?

—Planck era la típica persona que sempre seguia les normes, i el violentava esbrinar que el món quàntic no funciona d'aquesta manera. Si hagués pogut, hauria posat una multa a aquests electrons tan descarats per contraban de paquets d'energia i violació de les lleis de Newton. Ell mateix posava en dubte que els quàntums d'energia existissin realment, i s'escudava dient que podien ser un simple artefacte matemàtic. D'aquesta manera, la revolució quàntica va arribar gairebé demanant disculpes.

L'ÚLTIMA MATRIOIXCA

A la cafeteria de l'hotel hi ha uns aparadors plens a vessar de tota mena de menges, amb receptes belgues i pastissos típics del lloc. Ens posem a la cua amb la intenció d'omplir-nos els plats.

Reconec immediatament la persona que tenim just al davant: el premi Nobel Murray Gell-Mann.

Reacciono trepitjant dissimuladament el peu del meu acompanyant, tot fent un moviment subtil de cap. Sempre penso que tothom serà capaç de reconèixer sense problemes un premi Nobel de Física.

Potser per l'emoció, la puntada de peu ha estat més enèrgica del que hauria volgut. En Francesc ha fet un bot i ha vessat una mica d'aigua amb gas damunt la jaqueta de Gell-Mann.

Quin desastre.

Per fortuna, Gell-Mann és, en persona, tan amable com a les

seves conferències. Ens dedica un somriure infantil emmarcat en un rostre solcat per l'edat, mentre nosaltres ens disculpem.

—Però, que no l'has reconegut? —pregunto a en Francesc després de seure en una taula a tocar dels finestrals.

—Aquell vell tan simpàtic? No sé pas qui és.

—Doncs és Murray Gell-Mann, premi Nobel per les seves teories sobre física de partícules. Va ser ell qui va posar nom als quarks, constituents fonamentals de la matèria.

—Ah, sí, els karts, és clar... Tinc un amic que perd el món de vista per conduir-ne —fa broma en Francesc tot picant-me l'ullet.

—Això que sembla tan sòlid —continuo, picant amb força contra la taula—, sabem que està format per àtoms. Cada àtom té un nucli amb electrons que orbiten al seu voltant. No obstant això, si ens endinsem en el nucli, descobrim que està format per unes altres partícules més petites anomenades *neutrons* i *protons*. Però els científics es van endinsar encara més en l'aventura de comprendre la matèria, i van descobrir que aquests protons i neutrons estan formats, al seu torn, per unes partícules més petites, anomenades *quarks*.

—I aquests quarks són el que va descobrir aquest ancià venerable al qual hem estat a punt de dutxar amb aigua amb gas —afegeix en Francesc mentre mira dissimuladament cap a la taula on s'ha assegut el premi Nobel.

—Exacte! I tota la matèria que veus al teu voltant està composta fonamentalment per quarks i electrons.

—I com saps que no hi ha res més enllà dels quarks? Vull dir que m'imagino els àtoms com aquelles nines russes, les matrioixques. Cada vegada que n'obres una, en treus una altra de dins fins que arribes a la més petita. Però si cada vegada que indaguem la matèria trobem partícules més petites... com sabem que el quark és l'última matrioixca?

—No ho sabem —li responc—, però de moment és fins on hem aconseguit arribar.

En aquest punt, en Francesc dibuixa distretament un àtom al tovalló de paper.

—Aquesta és la visió que tenim d'un àtom, oi? —proposo amb la meva explicació—. Però en realitat aquesta il·lustració no està pas feta a escala. Imaginem que el nucli de l'àtom té la mida d'una pilota de ping-pong. Si la col·loquéssim al centre d'un gran estadi de futbol, l'electró seria més petit que la punta d'una agulla i giraria al voltant de l'última graderia. Tota la resta de coses que formen part de l'àtom, les porteries, els seients, la gespa, etcètera... estarien totalment buides.[2]

—És a dir, que a la matèria hi ha més forats que no pas formatge.

—I tant! Cada àtom és buit en un 99,99999999999 %.

—Costa d'imaginar.

—Ja ho sé, però ara imagina que poguéssim agrupar tots els àtoms que formen la humanitat, els de tots i cadascun dels éssers humans que habitem el planeta. Si ajuntéssim les partícules que formen aquests àtoms, traient l'espai buit que hi ha

2. Consulteu l'apèndix corresponent a aquest capítol per aprofundir en les diferents teories atòmiques i en la visió mecànico-quàntica.

entremig, tota l'espècie humana cabria en un simple terròs de sucre.

—Increïble! Però dolç. De fet, Buda ja deia que tot és buit, i al Daodejing hi ha un poema molt bonic sobre la importància del buit. A veure si me'n recordo...

Trenta radis convergeixen al centre d'una roda,
però és el seu buit
allò que fa útil el carro.
Modelem el fang per fer el vas,
però del seu buit
en depèn l'ús.
S'obren portes i finestres
en el mur d'una casa,
i és el buit
allò que permet habitar-la.
En l'Ésser centrem el nostre interès,
però del No-ésser depèn la utilitat.

—Impossible explicar-ho millor. De fet, el buit quàntic s'assembla més aviat a una olla de pressió, on hi ha tot i no-res alhora, ja que en pot sorgir qualsevol cosa. Però d'això ja en parlarem més endavant.

—M'has deixat de pedra —reconeix en Francesc—. Miro al meu voltant i em sembla increïble que tot això que sembla tan sòlid sigui pràcticament un espai buit... Com és possible que els sentits ens enganyin tant?

—Ai, amic meu... Realment creus allò que veus? No serà més aviat que «veus allò que creus»? Recordo un text curiós que em van enviar una vegada per correu electrònic. Em va fer molta gràcia. És un joc molt fàcil: només has de comptar el nombre d'efes que apareixen en aquest text.

Escric una frase en un tovalló i l'hi ensenyo:

FINISHED FILES ARE THE RESULT
OF YEARS OF SCIENTIFIC
STUDY COMBINED WITH THE
EXPERIENCE OF YEARS.

—Compto fins a tres efes —diu en Francesc, convençut.

—Les mateixes que jo el primer cop... Però torna-ho a provar, i ara no et saltis la paraula *of*. Veuràs que no hi ha tres efes, sinó sis.

—És veritat! Com és possible?

CREUS ALLÒ QUE VEUS... O VEUS ALLÒ QUE CREUS?

Vegem un altre exemple:

Si aconsegueixes llegir les primeres paraules, el cervell desxifrarà la resta:

Un dia...

UN D14 D'35T1U 3574V4 4 L4 PL4TJ4 O853RV4N7 DU35 N0135 9U3 34L74V3N 4 L'4R3N4, 3574V3N 7R384LL4NT MOL7 CON57RU1NT UN C4573LL D'4R3N4 4M8 70RR35, P4554D15505 OCUL75 1 PON75. QU4N 3574V3N 4C484N7 V4 V3N1R UN4 ON4D4 9U3 HO V4 D357RU1R 707 1 V4 R3DU1R 3L C4573LL 4 UN MUN7 D'4R3N4 1 3SPUM4. V41G P3N54R 9U3 D35PR35 D3 74N7 35F03RÇ L35 N0135 COM3NÇ4R13N 4 PLOR4R, P3RO 3N COMPT3Z D'41XO V4N CORR3R P3R L4 P14TJ4 R13NT 1 JUG4NT 1 V4N COM3NÇ4R 4 CON5TRU1R UN 4L7R3 C4573LL.

V41G COMPR3NDR3 9U3 H4V14 4PR35 UN4 6R4N LL1ÇO; 64SS3M MOLT 73MP5 D3 L4 NO5TR4 V1D4 CON57RU1NT 4L6UN4 C054, P3RO QU4N UN4 ON4D4 HO D357RU31X TOT, NOM35

QU3D4 L'4M15T4T, L'4MOR, L'4F3C73, 1 L35 M4N5 D'46U3115 9U3 50N C4P4Ç05 D3 F3R-N05 50MR1UR3.

Vilayanur S. Ramachandran i Diane Rogers-Ramachandran, investigadors del Centre per al Cervell i la Cognició de la Universitat de San Diego, afirmaven que, quan un objecte queda ocult en part, el cervell el reconstrueix amb gran habilitat i crea un tot visual.

El millor exemple el veiem en la il·lustració de Gaetano Kanizsa que podeu veure a continuació:[3]

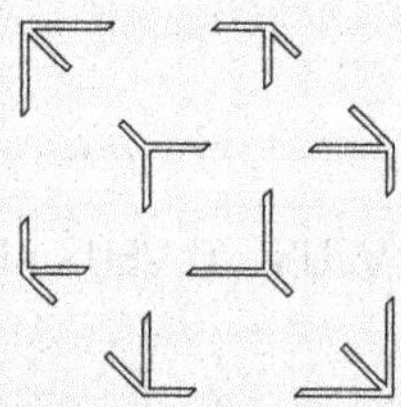

En la imatge anterior observem un conjunt de «potes de gall» ordenades amb una certa simetria. Però només cal afegir-hi unes barres diagonals perquè el nostre cervell percebi immediatament la figura com un hexàedre.

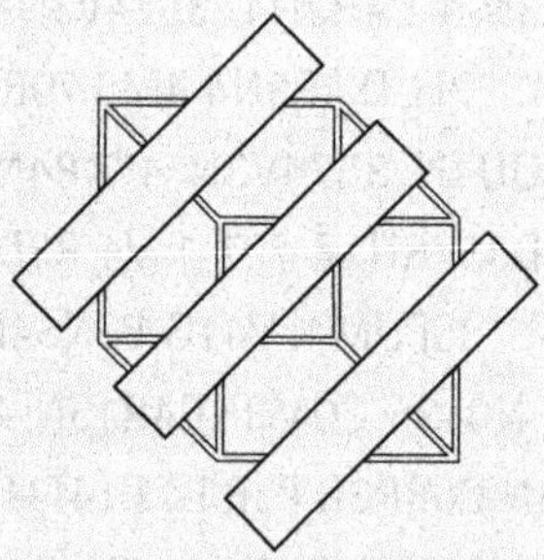

3. Font: Gaetano Kanizsa, *Scientific American Mind.*

És sorprenent que ni tan sols ens calgui la visió explícita d'aquestes barres diagonals. Les barres il·lusòries són suficients per induir el cervell a veure un cub ocult rere unes barres invisibles:

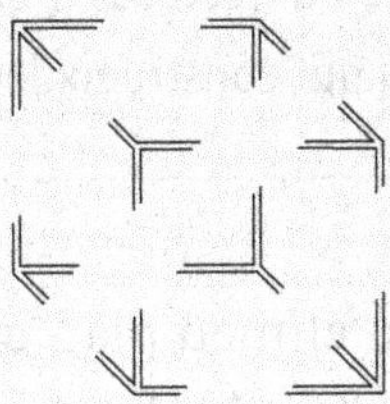

No es coneix el procés que segueixen les neurones de les vies visuals de l'encèfal per unificar les porcions d'informació i concatenar-les per construir un objecte complet. Aquest procés es denomina *complementació amodal*, i resulta difícil, fins i tot impossible, programar-lo en un ordinador. Tanmateix, el nostre cervell ho fa d'una manera natural. És un procés que ha evolucionat perquè els animals, entre ells l'ésser humà, puguem reconèixer les preses i els depredadors amagats enmig del bosc.

Quan se'ns acosta un amic, de seguida en reconeixem el rostre, el perfil, els moviments. Fins i tot el podem reconèixer veient-lo des de darrere. En un instant identifiquem milions de tonalitats de colors diferents, percebem les olors sense dificultat, ens estremim amb el tacte suau d'una carícia... Tots aquests processos ens semblen molt senzills. Només cal que obrim els ulls i la resta de sentits, que els connectem al món, i ja ho hem aconseguit.

Però per tenir aquestes experiències sensorials cal que milers de milions de petites cèl·lules nervioses transmetin tots aquests missatges urgents a través de les autopistes entrellaçades del nostre cervell. Uns procediments molt complexos que els científics ni tan sols han començat a comprendre encara.

Com diu Anthony Movshon, investigador de la Universitat de Nova York: «Els sistemes sensorials són com petits científics que generen hipòtesis sobre el món que ens envolta». Què significa aquesta olor? De quin color és aquest objecte, en realitat? Per respondre, el cervell crea conjectures a partir de la informació a la qual té accés, i des d'aquí construeix les hipòtesis.

En Francesc es mira el meu plat, que gairebé està intacte. Amb tanta xerrameca, m'he oblidat d'esmorzar.

—Fes una mica de cas al menjar —em diu—. No et queda gaire temps abans de la primera xerrada del congrés. A més, ja no cal que t'amoïnis per les calories. Al cap i a la fi, segons el que m'has explicat, més del 99 % d'aquest entrepà és buit.

Mentre m'acabo ràpidament el que em queda al plat, m'adono que en Francesc està absort en les seves pròpies reflexions.

—Pagaria per saber el que penses.

—Ara mateix em ronden dues coses pel cap —diu molt seriós—. La primera és que potser el banc m'abaixarà la hipoteca. Si els explico que en realitat el meu pis és pràcticament un espai buit, potser fins i tot la podria liquidar automàticament. D'altra banda... si la cadira en la qual estic assegut gairebé és buida, per què no caic a terra? No l'hauria de travessar? Hauria de poder fer com Kitty Pryde dels X-Men, que travessa les parets.

—Les forces s'encarreguen d'impossibilitar aquesta proesa. Has apuntat a les teves notes quines són les forces que coneixem avui en dia?

—Crec que són quatre —contesta, feliç de poder demostrar que ha aprofitat la lliçó—: la força gravitatòria, l'electromagnètica, la força nuclear forta i la nuclear feble.[4]

4. L'estudiarem més detalladament al capítol 10.

—Excel·lent, Francesc! La força que coneixem de fa més temps és la de la gravetat. Podem pensar que és la més poderosa, ja que és la responsable que els planetes girin al voltant del Sol, que es trenqui un plat quan cau a terra... fins i tot sentim el seu efecte quan ens llevem morts de son cada matí.

—En puc donar fe —reafirma en Francesc—, la gravitatòria és la força més poderosa...

—Pots pujar aquest tamboret damunt la taula? —el desafio, tot assenyalant el seient que tenim al costat.

En Francesc, obedient, no s'ho pensa dues vegades i, amb una sola mà, participa amb èxit en l'experiment.

—Acabes de demostrar —dic amb satisfacció— que ets capaç de superar fàcilment, només amb els teus músculs, la força que tota la Terra fa per atraure aquest tamboret.

—Això només demostra que sóc més fort del que sembla —fa broma.

Com un mag que es prepara per al truc final, ha arribat el moment de treure el parell d'imants que guardo a la motxilla. Amb un moviment ràpid, en col·loco un damunt d'una cullereta metàl·lica de cafè, i l'alço de la taula.

—Has jugat alguna vegada amb un imant? Com pots veure, aquests petits imants també són capaços de vèncer la força gravitatòria. Transmeten una força que es diu *electromagnètica*, la mateixa que contenen els rajos i l'electricitat. És milions de vegades més forta que la gravitatòria. Ara imagina que pugem al terrat de l'hotel i saltem al jardí. Què passaria?

—Que ens trencaríem la cama, com a mínim.

—Si ho analitzem amb més detall, la força gravitatòria ens atrauria cap al pati, però, com bé dius, ens donaríem una bona trompada. No travessaríem els àtoms del terra a fins a arribar al centre de la Terra, però.

—No sé què seria pitjor...

—Els àtoms del terra tenen càrregues elèctriques negatives a la capa externa que toparan amb les càrregues negatives del nostre cos. Em segueixes? —El meu company assenteix, no gaire convençut—. I ara, digue'm: què passa quan ajuntes dues càrregues elèctriques del mateix signe, negatives en aquest cas?

—Que es repel·leixen.

—Efectivament, i precisament es repel·leixen amb tanta força, que un bocí del sòl aconsegueix resistir la força que fa tota la Terra per atraure't cap al centre. És per això que el terra ens aturarà.

—Entesos —diu ell, molt seriós—. És per això que ara mateix no travesso la cadira on estic assegut.

—Elemental, estimat Watson! Les càrregues negatives de la cadira repel·leixen les del teu cos i fan que tinguis la sensació que realment estàs assegut i toques la superfície de fusta.

—Vols dir que el meu cul no toca la cadira?

—Una vegada més, els sentits t'enganyen. No estàs assegut, sinó que levites damunt la cadira a una alçada aproximada d'un àngstrom.[5]

—La veritat és que costa de creure...

—No has provat mai d'ajuntar dos imants per les cares que tenen la mateixa polaritat? Intenta-ho ara. —L'animo que ho faci amb el parell d'imants que tenim damunt la taula—. Fixa't. Oi que a mesura que els apropes cada cop costa més ajuntar-los? Ara tanca els ulls i repeteix el mateix moviment, però lentament.

Quan en Francesc ha col·locat prou a prop els imants, li pregunto:

—No tens la sensació que ja estan en contacte?

5. Equival a una centmilionèsima de centímetre.

—Sí que ho sembla, és com si hi hagués una superfície esponjosa...

—Però si obres els ulls, comprovaràs que en realitat encara queda entre ells un petit espai. La força electromagnètica és la responsable d'aquesta sensació... que és la mateixa que experimentes quan estàs assegut.

De sobte m'alço i li planto un petó sonor a la galta.

—Si som fidels a la física, podem dir que això no ha estat un petó, perquè els àtoms dels meus llavis ni tan sols han fregat els de la teva galta.

—És que jo sóc de lletres...

Tots dos ens posem a riure.

—A veure, vosaltres heu vingut a treballar o a divertirvos?

Qui ens interromp és l'Antonio, un vell amic que ha centrat les seves investigacions en el camp de la informació quàntica i treballa als Estats Units.

Després de fondre'ns en una forta abraçada, faig les presentacions pertinents.

—La primera xerrada comença d'aquí a cinc minuts —m'informa l'Antonio—. Véns?

—No et preocupis per mi —afegeix en Francesc—. Vull anar al Museu Hergé per veure de prop el coet d'en Tintín. Ens veurem a l'hora de sopar!

DÉU NO JUGA A DAUS

Quan l'Antonio i jo arribem al menjador de l'hotel, en Francesc ja ens espera a la taula que ha reservat prèviament.

—Com ha anat la visita al museu? —li pregunta el meu amic físic.

—Molt bé. I les vostres conferències?

L'Antonio resumeix el que s'ha discutit durant les diferents xerrades, però fa servir un argot tan tècnic que aconsegueix que en Francesc posi cara d'acudit.

—Ostres... para o me'n vaig a l'habitació sense sopar —suplica—. I això que us he reservat una taula especial.

—Especial? —pregunto.

—Sí, senyors —diu, i assenyala la paret—. Contempleu aquest quadre, amb la fotografia de la Conferència Solvay de l'any 1927. Ho posa al marc. Aquí sí que hi reconec Einstein, i ja no el veig pas tan jove...

—Probablement aquesta deu ser la conferència més famosa de totes les que van tenir lloc aquí —diu l'Antonio.

—Has escollit la millor taula —felicito el meu amic—. Devia ser emocionant assistir a aquella reunió. Pensa-hi: dels vint-i-nou que surten a la foto, disset van guanyar el premi Nobel, sense comptar que Marie Curie el va guanyar en dues disciplines diferents: un de Física i un altre de Química.

—Quina passada! —exclama en Francesc amb admiració.

—Un bon exemple per a les dones científiques —reconec.

—Encara em sorprèn —afegeix l'Antonio— que aquests gegants de la física coincidissin en el mateix temps i el mateix espai. És com si Aristòtil, Eratòstenes, Kepler, Galileu, Newton, Maxwell, Kelvin i altres grans de la física clàssica es reunissin a la mateixa habitació perquè els fessin una foto.

Tots tres quedem uns instants en silenci, observant aquella instantània de la història de la ciència. Un grup de científics que en un lapse molt curt de temps van canviar dràsticament la visió que tenim del món on vivim.

—Recordes, Francesc, els grans postulats de la física clàssica? —li pregunto, interrompent les seves reflexions.

Ell consulta ràpidament els apunts a la llibreta Moleskine:

—Sí, ho tinc aquí. El primer era que l'univers es comporta com una gran màquina en un espai i un temps absolut. El se-

Imatge de la cinquena conferència Solvay el 1927. Es considera la foto més important de la història de la ciència.

gon: l'univers és determinista. Tot té una causa i un efecte. Tercer: l'energia s'explica mitjançant dos models físics diferents, o bé partícules o bé ones. I finalment, el quart i joia de la corona de la ciència: l'objectivitat.

En Francesc acaba de llegir i tanca, orgullós, el quadern.

—Precisament —afegeixo—, en aquesta reunió d'octubre de 1927, aquests científics van fer trontollar els quatre principis clàssics, l'un rere l'altre.

—M'agradaria poder viatjar en el temps per ser-ne testimoni —sospira l'Antonio.

Per sota la taula, clavo una puntada de peu a en Francesc perquè sospito que està a punt de parlar massa...

—Compte, que això de la màquina és *top secret*! —xiuxiuejo sense que l'Antonio s'adoni de res.

—L'anècdota més coneguda d'aquesta reunió —prossegueix el nostre amic, ignorant el nostre intercanvi— va ser la discussió entre Einstein i Bohr sobre la física quàntica. Va ser aleshores quan Einstein va disparar la famosa frase «Déu no juga a daus», a la qual cosa Bohr va contestar: «Einstein, no digui a Déu el que ha de fer».

—Sempre m'he preguntat a què feia referència l'Albert amb aquesta frase —intervé en Francesc.

—A Einstein no li agradava el rumb que estava prenent la nova teoria —explica l'Antonio—. El decebia que es treballés sobre probabilitats estadístiques, en comptes de basar-se en el principi de causa i efecte.

—No sé què vols dir...

—Segons la mecànica quàntica, les partícules individuals actuen «a rampells». Duen a terme salts quàntics que mai serem capaços d'anticipar. Només podem calcular probabilitats sobre quan i com ho faran. —Faig una pausa mentre el cambrer ens serveix l'àpat—. A Einstein no li satisfeia que la teoria només descrigués les possibilitats, i no la cosa en si mateixa. Deia que li agradava pensar que la lluna continuava al seu lloc quan ell deixava de mirar-la. En una carta, va descriure aquesta insatisfacció amb les paraules següents: «Em resultaria intolerable la idea que un electró exposat a la radiació pugui escollir el moment i la direcció del salt en un rampell. Si això fos així, m'hauria estimat més ser sabater, o fins i tot empleat d'un casino, abans que no pas físic». D'aquesta manera, Einstein va passar de profeta a heretge de la teoria quàntica.[6] Va morir convençut que la física quàntica no era l'última resposta.[7]

—I jo em moriré de fam si no sopem d'una vegada! —ens interromp l'Antonio, mentre torna a omplir les copes de vi—. El vostre avió de tornada a Barcelona no surt fins a mig matí, oi?

6. Aquí piquem l'ullet a l'obra de Luis Navarro Veguillas: *Einstein, profeta y hereje.*

7. Una altra picada d'ullet, a l'obra d'Álex Rovira i Francesc Miralles sobre la vida d'Einstein: *L'última resposta.*

En Francesc i jo assentim.

—Aleshores, aquesta nit us portaré de festa per Brussel·les. Conec uns bars perfectes per escoltar música i prendre unes cerveses. No vull que en Francesc es pensi que els congressos de físics són un avorriment mortal!

—Ens hi apuntem!

Tanquem el tracte amb un brindis sota les atentes mirades dels 29 de Solvay.

4

L'efecte Pigmalió

> Tant si penses que pots com si penses que no pots, l'encertes.
>
> HENRY FORD

Els darrers anys s'ha posat de moda el fenomen anomenat «efecte Pigmalió», que fa referència a la manera en què el comportament d'un individu es veu alterat segons les expectatives que els altres tenen d'ell.

Explicat d'una manera molt planera, una persona que gaudeix de la confiança dels superiors (potser fins i tot més enllà de les seves veritables capacitats) donarà un rendiment molt superior al que seria previsible, mentre que la persona a qui es transmet una visió negativa de les seves possibilitats rendirà molt per sota del que podria fer-ho.

La conclusió és que ens comportem segons allò que els altres esperen de nosaltres, i el més sorprenent és que en l'àmbit microscòpic de la física quàntica passa el mateix. Amb una diferència important: si en psicologia sabem com es produeix l'«efecte Pigmalió», en física en desconeixem la raó.

DE REI DE XIPRE A ELIZA DOOLITTLE

El nom d'aquest efecte prové de la llegenda de Pigmalió, un antic rei de Xipre i escultor apassionat. En les *Metamorfosis*, Ovidi explica que una vegada aquest monarca va modelar en ivori una estàtua de Galatea. El resultat va ser tan extraordinari que Pigmalió es va enamorar de la seva pròpia obra i va suplicar als déus que l'estàtua cobrés vida per poder-la estimar en carn i ossos. Els déus van atendre les seves pregàries i el rei va gaudir en persona de la companya que havia projectat sobre l'ivori.

L'any 1912, Bernard Shaw es va inspirar en aquest mite per escriure, amb un èxit enorme, l'obra de teatre *Pigmalió*. Mig segle més tard, George Cukor va adaptar la peça al cinema sota el títol de *My Fair Lady*, que va obtenir diversos premis Oscar. En aquesta pel·lícula magnífica i divertida, el professor Higgins fa una aposta amb un col·lega lingüista. Convertirà una florista maldestra i inculta en una dama capaç d'enganyar i impressionar l'alta societat. I com li va passar al rei de Xipre, l'arrogant professor s'acaba enamorant de la seva creació.

DUALITAT ONA-PARTÍCULA

Ara centrarem la nostra atenció en el comportament enigmàtic de la llum, que durant segles ha captivat els grans científics de tots els temps.

La llum és una ona o una partícula? Al llarg de la història hi ha hagut partidaris aferrissats de totes dues possibilitats.

Les ones i les partícules tenen qualitats molt diferents. Les primeres, que podem representar com una sèrie d'onades successives, s'estenen en l'espai (com el so de la ràdio que s'escolta arreu de la casa), mentre que les partícules o corpuscles (que podem imaginar com unes minúscules esferes) ocupen un lloc molt precís i concret en l'espai.

Al final del segle XIX, el bàndol dominant es va aferrar a la idea que la llum es propaga com una ona, a diferència de la matèria, que estaria constituïda per petites partícules.

Tanmateix, a començament del segle XX, amb el naixement de la física quàntica, l'enigma va ressorgir com un tsunami que encara desafia el nostre intel·lecte a dia d'avui.

El jeroglífic de la llum

Thomas Young (1773-1829) va ser un nen prodigi que, segons s'explica, a l'edat de dos anys ja llegia sense dificultat, i als catorze estudiava dotze idiomes a la vegada, entre els quals el caldeu, l'àrab i el persa.

Va fer la carrera de Medicina i es va doctorar en Física l'any 1796.

Deixant de banda les contribucions importantíssimes que va fer a la física, nosaltres ens centrarem en la seva aportació a l'estudi de la naturalesa ondulatòria de la llum.

Més enllà dels seus assoliments en el món de la física, i potser gràcies a la facilitat que tenia per a les llengües, Young va aconseguir desxifrar part dels textos de la pedra de Rosetta.

L'any 1801, a l'edat de vint-i-vuit anys, Young va dur a terme un experiment que va fer trontollar la creença, heretada de Newton, segons la qual la llum estava formada per un feix de partícules diminutes. Va rebre el nom d'*experiment de la doble ranura.*

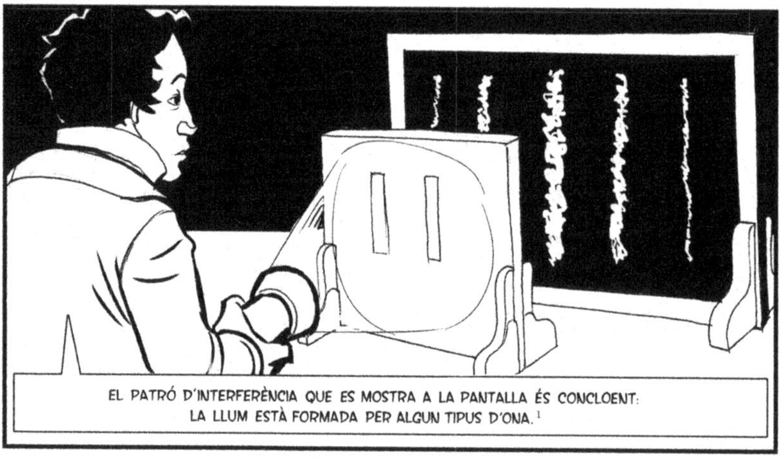

Vegem més detalladament en què consisteix aquest experiment i per què Young va poder afirmar aleshores que la llum és una ona.

Primer fem-nos una idea senzilla del que és una ona. Imagineu un llac amb les aigües en calma. Si hi llancem una pedra, podrem veure com es creen i es propaguen dintre l'aigua unes petites onades al voltant del punt on ha caigut el projectil.

1. Fins al final del segle XIX, amb els treballs de Maxwell, no es va comprovar que la llum és un tipus d'ona electromagnètica, com els raigs γ, els raigs X, la llum ultraviolada, la llum visible, els infraroigs, les ones microones i les ones de ràdio.

Ara que tenim una imatge mental del que és una ona, tornem a l'experiment de la doble ranura. A la part esquerra d'aquesta il·lustració podem veure la font de llum, en aquest cas una espelma.

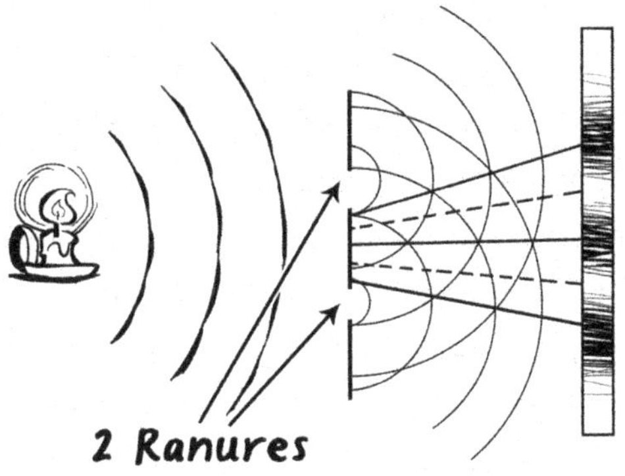

Hem il·lustrat les ones de llum com hem fet abans en el llac, de manera que podem *veure* com es propaga la llum. Aleshores, Young va fer passar el feix de llum per una pantalla que disposava de dues ranures, com podeu veure en el dibuix. Què fa la llum, quan troba una escletxa? *Colar-s'hi* i continuar el seu camí.

Tot i així, fixeu-vos que després d'aquesta pantalla amb dues ranures el patró o dibuix que il·lustra el pas de la llum no és igual que abans. Què ha passat?

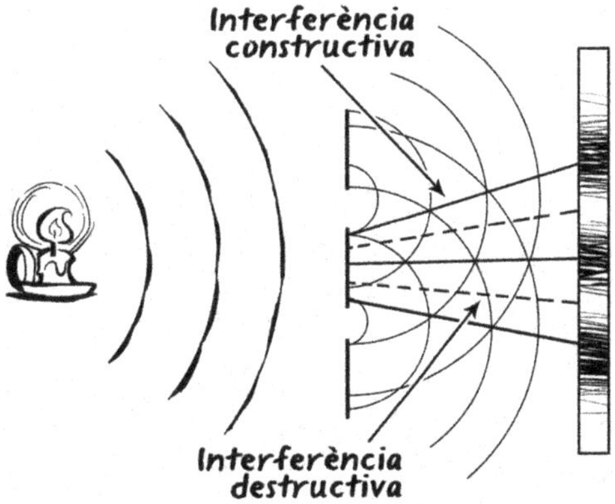

Després de passar per la doble ranura, es tornen a formar més ones una altra vegada, però ara des de dos punts, com si tinguéssim dues fonts de llum. Quan les ones que provenen de la ranura superior es troben amb les ones que provenen de la inferior tenim **interferències**.

Hi haurà zones on les ones toparan quan es trobin en el punt més alt (és a dir, en la seva amplitud màxima) i es reforçaran entre si; el resultat serà una ona encara més alta. En física, aquest fenomen s'anomena **interferència constructiva**.

Però també hi haurà altres punts on les ones toparan en el moment en què n'hi hagi una que estigui en el punt màxim, o més alt, i l'altra en el punt més baix, o mínim, i aleshores s'anul·laran entre si. En aquestes zones no tindrem llum, i d'això en direm **interferència destructiva**.

D'aquesta manera, quan la llum arriba a la paret final, trobarem allò que els físics anomenem **un patró d'interferència**, una sèrie de ratlles verticals fosques i brillants que ressegueixen la paret.

Per quina raó aquest patró d'interferència demostra que la llum és una ona?

Si en comptes de realitzar l'experiment amb un feix de llum, el fem disparant amb una metralladora a través de dues ranures, les bales les travessaran fins a incrustar-se a la paret.

Al final, veurem dues línies d'impacte, en comptes de les múltiples franges que obtenim amb les ones i el seu patró d'interferència.

Amb aquest experiment, el jove Young va oferir una prova *irrefutable* que la llum en realitat és una ona... per bé que als seus contemporanis els va costar molt acceptar-ho.

Newton també va tenir dubtes sobre la naturalesa corpuscular de la llum, ja que també es va fixar en el fenomen que ara anomenem interferència. Però al capdavall, i malgrat que no n'estava totalment convençut, es va decantar per admetre que eren partícules.

En canvi, els fidels newtonians que el van succeir n'estaven molt més segurs. La seva teoria corpuscular de la llum va ser acceptada per la comunitat científica durant molts anys.

De fet, quan Young va presentar la seva teoria, es va trobar amb la resistència de la gran majoria dels col·legues anglesos.

Després de la posada en escena de Young, no va caldre esperar gaire perquè altres experiments avalessin la naturalesa ondulatòria de la llum. El cop definitiu per a la teoria corpuscular va arribar amb l'elegant formulació de Maxwell i la seva teoria electromagnètica, que veurem més endavant en aquest llibre.

D'oficial de tercera a oficial de segona classe

La llum és una ona. Aquest postulat va ser acceptat fins que van haver passat cent anys de l'experiment de la doble ranura. Aleshores, l'any 1905, un jove oficial de tercera d'una oficina de patents suïssa va publicar quatre articles que van canviar de manera dràstica el món de la física.

Els tres primers articles els va publicar en el mateix número d'una reconeguda revista científica, *Annalen der Physik*.

Amb la primera contribució, que és la que ara ens interessa, va reobrir el debat sobre la naturalesa de la llum, en introduir els anomenats *quàntums* de llum. D'aquesta manera va donar el tret de sortida a la cursa quàntica.

Amb el segon article, sobre el moviment brownià, Einstein va demostrar de forma teòrica l'existència dels àtoms, que van deixar de ser únicament un «concepte útil» per als físics.

En el tercer article, Einstein desenvolupava la teoria de la relativitat especial.

Uns mesos més tard, però d'aquell mateix any, va publicar una ampliació d'aquest darrer article, on desenvolupava l'equivalència entre massa i energia, amb l'equació probablement més famosa de la història: $E = mc^2$.

Albert Einstein, en la tesi doctoral, havia estudiat l'estadística de moviments dels àtoms en un líquid, basant-se en el moviment d'un fluid per una palleta per beure. La seva visió clara sobre la naturalesa atòmica de la matèria va fer que no li passés per alt un article publicat per Max Planck uns anys enrere on introduïa per primera vegada els anomenats *quàntums d'energia.*[4]

Els quàntums d'energia als quals es referia Einstein van ser batejats més endavant amb el nom de *fotons*.

Que la llum estigués formada per petites partícules anomenades *fotons* va ser rebut amb gran incredulitat per la comu-

2. Per a més informació sobre Planck i la radiació del cos negre, vegeu l'annex corresponent al capítol.

3. A l'annex d'aquest capítol hi ha una explicació bàsica sobre l'efecte fotoelèctric.

4. Planck havia demostrat teòricament que un electró només pot radiar petitíssims paquets d'energia: els quàntums.

nitat científica, al llarg de gairebé vint anys. La idea dels quàntums no es va començar a prendre seriosament fins al 1921, un any després que Einstein guanyés el premi Nobel per la seva investigació sobre l'efecte fotoelèctric.[5]

Més endavant explicarem què va passar l'any 1923.

Un any després d'aquelles tres famoses publicacions, el 1906, Albert Einstein va ser promocionat d'oficial de tercera a oficial de segona classe en aquella oficina de patents suïssa. Un premi modest per a la persona que acabava de revolucionar la física per a les futures generacions.

Pigmalió al laboratori: complaure l'observador

No és pas estrany que a la comunitat científica li costés tant acceptar la idea d'Einstein, segons la qual la llum està formada per petites partícules o fotons.

5. Precisament, Einstein va guanyar el Nobel per la seva contribució a l'estudi de la naturalesa de la llum, i no per la teoria de la relativitat, com es pensa sovint.

L'experiment de Young havia demostrat que la llum era una ona. I Maxwell havia desenvolupat del tot la teoria electromagnètica, gràcies a la qual va ser possible l'aparició d'invents tan útils com la ràdio o el telègraf.

Però Einstein i els experiments posteriors que es van desenvolupar van corroborar que la llum es podia manifestar com un corpuscle (o partícula).

Una de les veritats provisionals més arrelades a començament del segle XX era que qualsevol cosa podia estar formada *bé per ones o bé per partícules*, però no per ones i partícules a la vegada.

Aleshores, tornant al tema de la llum, qui tenia raó, Young o Einstein? Ona o partícula?

La resposta és senzilla, però gens simple: *totes dues visions són correctes*, encara que ens sembli contradictori. La llum es pot manifestar indistintament en forma d'ona o de partícula.

Però això no és el més desconcertant. Si preguntem a la llum si és una ona (mitjançant l'experiment de Young de la doble ranura), ens contestarà que sí i ens mostrarà un patró d'interferència. Però si li preguntem si és una partícula (i fem l'experiment de l'efecte fotoelèctric), ens contestarà que, efectivament, és una partícula.

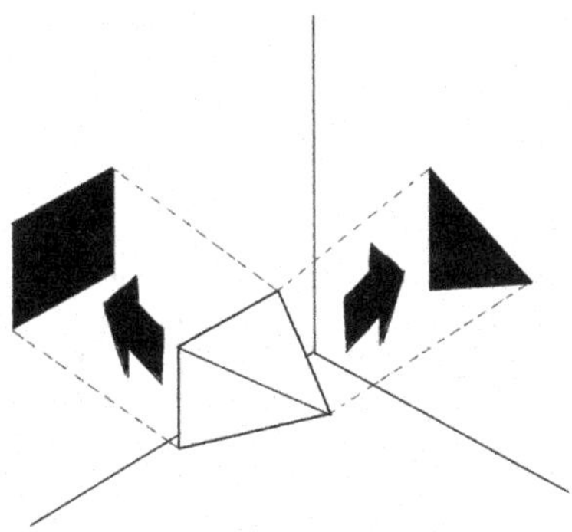

Il·lustració de la dualitat ona-partícula. Dues percepcions d'una mateixa realitat.

Que la llum es manifesti en forma d'ona o de partícula depèn de l'experiment que decidim realitzar. És a dir, els resultats que esperem obtenir condicionen que la llum es mostri com una cosa o una altra.

El vel es va estripar definitivament quan, l'any 1924, el jove príncep DeBroglie va defensar en la seva tesi doctoral que no únicament la llum, sinó també els electrons (considerats fins aleshores petites boletes de matèria), podien ser ones i partícules alhora. Això és precisament el que estudiarem en els dos propers capítols, però abans deixem de banda per un instant les partícules i les ones i tornem al comportament dual de les persones en la vida quotidiana, des del punt de vista de les expectatives.

El poder de les expectatives: és així o només ens ho sembla

Un article d'Álex Rovira publicat al diari *El País* feia referència a com es pot veure alterat el nostre comportament a partir del que els altres creuen de nosaltres. Les expectatives favorables que ens transmet l'entorn d'afectes i amistats ens poden dur més enllà del que havíem esperat, de la mateixa manera que rendirem per sota del nostre nivell si actuem moguts per la por de fracassar que els altres ens han transmès, per una manca de confiança o una invitació a la resignació i a l'abandonament.

L'autor explica un cas que va tenir lloc en una multinacional de productes d'alta tecnologia. Els responsables del departament de personal van convocar un empleat de la neteja, que ocupava l'esglaó més baix de la jerarquia i que no tenia ni el batxillerat acabat. Li van fer creure que ell era, entre tots els milers treballadors de l'empresa, el més capacitat per ocupar un altíssim càrrec de responsabilitat tècnica, en un termini de dos anys. Aquesta persona no solament va aconseguir dur a terme les funcions del càrrec que li havien promès en menys temps del previst, sinó que al llarg dels anys va continuar prosperant en l'organització. La profecia es va acabar acomplint amb un èxit extraordinari.

Rovira assenyala també que les crisis econòmiques sovint provoquen un efecte Pigmalió negatiu. Quan hi ha moltes persones convençudes que el sistema s'enfonsa, efectivament s'acaba enfonsant. Fins i tot en l'àmbit de la salut, aquest fenomen es manifesta amb l'anomenat «efecte placebo». Hi ha pacients que estan convençuts que obtenen del medicament allò que necessiten, quan en realitat només es tracta d'una píndola de midó sense cap principi actiu. Com és possible que, en alguns casos, un simple caramel sigui capaç de guarir una malaltia? Perquè el metge diu que ho farà, i el pacient s'ho creu.

En el llibre *La psicologia de l'èxit*, Brian Tracy parla d'una sèrie fascinant d'experiments que va dur a terme al final del segle passat el doctor Robert Rosenthal de la Universitat de Harvard. Van tenir lloc en un una escola de la badia de San Francisco, i volien demostrar que les expectatives que els professors tenen sobre els alumnes es tradueixen en un efecte enorme sobre les notes i la seva capacitat d'aprenentatge.

En un d'aquests experiments, explica Tracy, el director va cridar tres professors a començament de curs i els va informar que, per causa de la seva excel·lència i superioritat en comparació amb la de la resta de docents, havien estat seleccionats com els tres millors de tota l'escola. Per això a cadascun se li assignarien trenta alumnes, els més intel·ligents del centre segons unes proves de coeficient intel·lectual realitzades per psicòlegs. El director els va comunicar que, a final de curs, aquests estudiants excepcionals, monitoritzats per l'elit de professors, veurien millorats els resultats acadèmics entre un 20 % i un 30 %.

Una condició inamovible que va imposar als professors va ser que no desvetllessin res del que havien parlat, ni als alumnes ni als seus pares. Seguirien fent les classes com de costum, amb l'única diferència que els professors escollits serien conscients que s'encarregaven dels trenta alumnes més brillants.

Els professors estaven molt il·lusionats de formar part de l'elit docent i de tenir els millors alumnes, i es van entregar a les classes en cos i ànima. En acabar el curs, aquelles tres aules no solament van resultar les millors del centre, sinó que van assolir els resultats acadèmics capdavanters de tot el districte escolar.

Aleshores, com explica Tracy, l'equip d'investigadors es va citar amb els professors per felicitar-los pels bons resultats, i van mantenir la conversa següent:

—Certament ha estat un any esplèndid —va començar un dels professors—. Els nois eren molt intel·ligents, i hi han posat molt interès.

Després d'intercanviar una mirada amb el director de l'escola, un dels investigadors va confessar:

—Potser els hauríem de dir la veritat: tot plegat ha estat un experiment. De fet, a començament de curs vam seleccionar a l'atzar noranta nois i els vam assignar a les classes de vostès tres. Ni tan sols sabem quin coeficient d'intel·ligència tenen...

—És curiós! —va exclamar un dels docents—. Aleshores, com és que han obtingut uns resultats tan bons?

—Perquè nosaltres som els millors professors de l'escola —va intervenir un dels seus companys.

Davant la seva sorpresa, un dels investigadors va reconèixer:

—En realitat, a començament de curs vam posar els noms de tots els professors dintre d'un barret i els de vostès van ser els primers que van sortir.

Aquest experiment, que es coneix amb el nom del «doble cec», demostra que les expectatives ho canvien tot. Que unes expectatives elevades per part dels professors fan despertar en els alumnes una intel·ligència superior a l'esperada.

Com veurem en el capítol següent, l'observador condiciona allò que observa.

5

El gat de Schrödinger: es busca, viu i mort

—No m'ho puc creure! —va dir l'Alícia.

—No pots? —va dir la Reina, compassivament—. Prova-ho un altre cop: respira fondo i tanca els ulls.

L'Alícia va riure.

—És inútil intentar-ho —va dir—. No es poden creure les coses que són impossibles.

—Gosaria dir que no has pensat prou —diu la Reina—. Quan jo tenia la teva edat, cada dia pensava durant mitja hora. Renoi! De vegades he cregut fins a sis coses impossibles abans d'esmorzar.

LEWIS CARROLL,
Alícia a través del mirall

De: Sonia <sonia.desayunoconparticulas@gmail.com>
Per a: Francesc <francesc.desayunoconparticulas@gmail.com>

Hola Francesc,
Aquesta setmana he de viatjar a l'estranger per assistir a unes conferències i no podré continuar les nostres lliçons de física. Com que sé que ens hem quedat en un punt intrigant, després de veure que no solament la llum sinó també la matèria es poden manifestar en forma d'ona i de partícula, no volia deixar-te amb la

mel als llavis (per bé que el que t'espera encara és més desconcertant... Ja t'he avisat, eh? ;-D). He trobat la persona indicada que et guiarà per un dels principis més extraordinaris del món quàntic: la superposició.
Et va bé ser al teu estudi demà a les vuit del vespre? Ella et trobarà.

Un petó,
S.

PD. Sé que a hores d'ara ja tens la ment oberta. No t'espantis, és inofensiva.

La fada Q: la millor guia del món quàntic

L'alarma de l'iPhone capta l'atenció d'en Francesc, que s'ha submergit en l'escriptura de la seva pròxima novel·la per apaivagar la impaciència davant la cita imminent. Falten cinc minuts per les vuit de la tarda, l'hora en què ha d'arribar la professora misteriosa.

«La Sonia en sap molt, de crear suspens, amb aquests correus electrònics tan críptics —pensa en Francesc—. Però no m'hauria de fer il·lusions. L'arquetipus de professora de Física no és precisament el d'una noia *super-cool.*»

S'alça de la taula de l'ordinador i prepara una tetera per a la seva convidada.

Mentre l'aigua s'escalfa al bullidor, un gat molt gros ronca entre les seves cames.

—Què hi fas aquí, gatet? —pregunta en Francesc, mirant els seus ulls perspicaços de color daurat—. Per on has entrat?

El gat li dóna l'esquena i mou enèrgicament la cua, com si volgués burlar-se d'ell. Aleshores comença a córrer contra la paret de la cuina.

Completament desconcertat, en Francesc observa com, en comptes d'estavellar-s'hi, el gat simplement s'esvaneix.

Ha desaparegut!

Per un instant, queda tan desorientat que triga un parell de segons en veure la noia que té al davant.

És una miqueta més baixa que ell, té la pell morena i els cabells negres. Els ulls foscos i ametllats semblen orientals. Porta un vestit cenyit de seda i un cinturó amb un estrany signe grec a la sivella.

Ψ

Els llavis carnosos de la noia somriuen a en Francesc, i li mostren una dentadura perfecta. Una aroma delicada de flors silvestres l'embriaga.

Sens dubte, és la noia més bonica que ha vist mai.

Enlluernat davant d'aquella bellesa exòtica, triga una mica a adonar-se de la delicada vareta de vidre que sosté a la mà. L'abaixa i diu, amb menyspreu:

—Tanca la boca o et caurà la bava.

En Francesc no sap si sentir vergonya o por davant la intrusa que s'acaba de colar a casa seva.

—Com has entrat?

—Això ara no té cap rellevància. Sóc la fada Q, Quiona per als amics, i m'envia la Sonia.

—Com? Una fada? Em prens el pèl, oi?

—No sé si ho saps, però qüestionar una fada d'aquesta manera és de mala educació —li retreu, abans de girar-se indignada.

En aquest moment queden al descobert un parell d'ales molt boniques.

—Quina disfressa tan bona! Aquestes ales semblen de veritat —diu en Francesc admirat.

—Compte amb el que dius! M'ha costat un munt aconseguir-les, no te les donen fins que et treus el doctorat.

—El doctorat... de què?

La noia és realment maca, però en Francesc comença a dubtar que estigui bé del cap. Serà millor tenir el telèfon a mà per si ha de demanar ajuda...

—Veig que ets tan beneit com sembles. Doncs el doctorat de fada quàntica —declara, orgullosa—. Continuo treballant com a guia en el món quàntic, però ja m'han pujat de categoria.

—Ah... ja ho entenc —diu sense entendre res.

«Decididament —pensa en Francesc—, està tocada del bolet.»

—Tenim molta feina a fer. Millor que ens hi posem immediatament, noi clàssic.

En Francesc es mira els texans d'última moda que porta i no pot entendre per què li ha dit això.

—Embena't els ulls amb això —li diu la fada tot apropant-li un mocador—. Encara no estàs preparat per veure el que està a punt de passar. Només sentiràs un petit mareig, però no fa mal.

Per bé que el sentit comú li demana a crits que tregui aquella boja de casa seva, en Francesc recorda les últimes paraules de la Sonia i decideix fer cas a la seva *convidada*.

La Quiona li agafa la mà i ell nota un pessigolleig que li travessa el cos de cap a peus. Tot seguit nota una estrebada desagradable, com si algú l'empenyés des de l'interior de l'estómac. Comença a sentir nàusees.

—Atòmic, veritat? —Sent que diuen al seu costat—. Pots treure't l'antifaç, ja hem arribat.

—Arribat? Però si no ens hem mogut de l'estudi... —respon ell mentre es deslliga la bena.

Però ja no són a la càlida cuina de casa d'en Francesc.

Han aparegut dalt d'un turó.

—Benvingut al món quàntic!

PRINCIPI DE SUPERPOSICIÓ

En la distància es pot veure el cim d'una muntanya. Sembla tan petita que s'hi podria arribar en menys d'una hora, si no fos que hi ha un laberint gegantí de bardisses i murs entre ells i el cimadal.

Els camins giravolten i es retorcen formant dibuixos estrambòtics. No hi ha cap pista que els permeti intuir quina és la direcció correcta.

—Veus aquell monticle? —indica la fada—. Per sortir del món quàntic i tornar a casa teva haurem d'arribar-hi. És el centre del laberint.

—Per tornar a casa meva? Vols dir que estic aquí atrapat? —pregunta alarmat en Francesc, mentre es pessiga el braç amb força per assegurar-se que no somnia.

—Què esperaves? M'he doctorat fa poc, o sigui que tinc poca pràctica. Ens hem teleportat de manera quàntica fins aquí gràcies a les meves ales, però fins d'aquí a uns dies no ho podrem tornar a fer. S'han de recarregar… o una cosa semblant.

—Teleportar-nos? És així com hem arribat aquí?

—És clar, de quina altra manera vols viatjar fins al món quàntic en un tancar i obrir d'ulls? Però ara no tinc temps per entretenir-te amb els detalls… És més important que comprenguis el principi de la superposició, que és per a això que la Sonia em va demanar ajuda.

En Francesc es resigna a acceptar que no està somniant després de fer-se un bon blau al braç.

—Serà complicat —sospira el meu amic en veure el laberint—. Quin embolic tan increïble!

—No et preocupis. El que importa no és arribar, sinó el camí —afegeix la Quiona, somrient—. O els camins, en aquest cas... I aviat veuràs que aquesta frase mai ha tingut tant sentit com avui...

Sense perdre un segon, els nostres protagonistes s'endinsen en el laberint.

Immediatament després de creuar la porta de l'entrada, troben el primer repte que han de superar. Hi ha un passadís horitzontal que s'estén a mà esquerra fins a l'infinit, i a mà dreta també fins a l'infinit. No hi ha cantonades, ni revolts, ni res.

—No ho entenc —diu en Francesc a la fada, desconcertat—. Com podrem arribar al centre del laberint, si no hi ha ni una sola cantonada ni cap giravolt?

—Aquest laberint és molt de la broma —afegeix la Quiona com si tingués vida pròpia—. Aquí res és el que sembla. De fet, el laberint és darrere d'aquest mur...

En Francesc toca la paret que té davant els nassos. És massa alta perquè puguin saltar-la i massa sòlida per ensorrar-la.

—Doncs aleshores estem perduts, llevat que facis un truc amb la vareta màgica.

En aquest moment, alguna cosa se'ls acosta molt de pressa. És rodona i es mou tan ràpid que costa distingir-la, com si estigués desenfocada. Quan arriba on són ells, redueix la velocitat, però per a sorpresa d'en Francesc, sembla que es difumini encara més. Com que es pensa que alguna cosa li emboira la vista, tanca els ulls amb força i els torna a obrir, però la imatge no es torna pas més nítida.[1]

—Hola, Quiona! —crida la boleta sense arribar a aturar-se del tot—. Estic molt content de veure't...

1. A causa del principi d'incertesa de Heisenberg, no podem determinar simultàniament amb precisió la posició i la velocitat de l'electró, per això en Francesc el veu com una taca borrosa.

—Igualment, electró. Vas al centre del laberint?

—Sí. Vull viatjar a un nivell d'energia superior!!!

Tot seguit, en Francesc contempla bocabadat com l'electró torna a agafar embranzida i es llança contra la paret. Després de rebotar i clavar-se una bona trompada, s'aixeca immediatament i ho aconsegueix al segon intent: ha travessat la paret!

—Ara ens toca a nosaltres —el desafia la Quiona amb cara de múrria.

En Francesc se la mira perplex. No dóna crèdit al que sent.

—L'electró ha fet el que aquí anomenem «tunelejar». En el món quàntic, de vegades podem travessar murs. La diferència amb el teu món és que la possibilitat que puguis travessar la paret de casa teva és molt petita. Gairebé impossible! Hauries d'estavellar-t'hi durant una eternitat per aconseguir-ho. I és ben probable que abans t'hi deixis la pell.

En Francesc arqueja una cella en senyal de dubte.

—Què me'n dius? T'hi atreveixes? —El punxa la fada, sorneguera—. Aquesta paret no és pas tan gruixuda. Com a molt et clavaràs unes quantes trompades.

En Francesc accepta el repte, una mica picat en l'amor propi. Si un electró pot «tunelejar», ell també n'ha de ser capaç.

Serra les dents i corre contra la paret. Creua els braços per protegir-se del xoc imminent... Però l'impacte no arriba.

Ha travessat la paret!

—Òndia, no n'hi ha gaires que ho aconsegueixin al primer intent —diu la Quiona, que també ha «tunelejat»—. Deu ser la sort del principiant...

Davant d'ells s'estén un intricat laberint. Sense dubtar-ho, s'internen pels camins.

—Quiona, què és el principi de superposició?

—Bé, de la mateixa manera que, en el teu món clàssic —comença la fada—, les coses són bones o dolentes, un got pot estar ple o buit, i quan trobes una bifurcació esculls entre el camí de la dreta o el de l'esquerra... aquí, en el món quàntic, totes les possibilitats existeixen alhora. Si hi ha dos camins per recórrer, els recorreràs tots dos; no l'un o l'altre, sinó tots dos alhora. Les coses poden estar a dos llocs al mateix temps. O de dues maneres...

—No entenc res! Aleshores... tot succeeix simultàniament?

—Aquí, tot el que no està prohibit és obligatori. Imagina que ets un futbolista que xuta un penal a la final d'un Mundial. En el teu món, marques el gol o el falles, guanyes o perds. Però en el món quàntic totes dues coses passen a la vegada, guanyes i perds, perquè aquí conviuen totes les possibilitats.

En Francesc es queda uns segons en silenci, provant de digerir les paraules de la Quiona. En aquell instant, un gat comença a jugar entre les cames de tots dos, i amb sorpresa, reconeix l'animal que abans ha aparegut i desaparegut a la cuina de casa seva.

—Sé que ho trobes extravagant, però tot plegat segueix unes regles, per molt que una persona del teu món les trobi estranyes —continua la fada mentre el nou acompanyant torna a esvanir-se sense previ avís—. Pots imaginar-t'ho com si fossin universos paral·lels. He llegit un munt de còmics dels humans i en molts es parla d'aquests universos. Veus la bifurcació que tenim al davant?

Davant de la Quiona i en Francesc s'obren dos camins. Es troben en el punt just on se n'hauria d'escollir un. La fada continua l'explicació:

—És com si en un univers escollíssim recórrer el de la dreta i en un altre univers paral·lel optéssim pel de l'esquerra. Tots dos universos es desdoblarien. El que passa en la superposició és que aquests dos universos es barregen. Ambdues coses passen al mateix temps: les triem totes dues alhora.

—Això és el paradís dels indecisos.

—No et pensis, el principi de superposició funciona fins que algú observa l'objecte superposat. El simple fet de mirar neutralitza la superposició. D'això en diem «col·lapse de la superposició». Un ésser humà no pot veure dues possibilitats a la vegada.

—Em sembla que m'he tornat a perdre.

—El que has de fer és experimentar-ho —afirma la Quiona, tot aixecant la vareta.

En brota una poderosa resplendor i, en un instant, en Francesc queda desdoblat.

La Quiona agafa la mà d'un dels dos Francescs i s'acomiada de l'altre donant-li la instrucció següent:

—Acompanyaré aquest Francesc pel camí de la dreta, a tu t'acompanyarà el gat de Schrödinger pel de l'esquerra.

Al costat del segon Francesc ha tornat a aparèixer el gat misteriós.

El camí de la dreta

Acompanyat per la Quiona, el primer Francesc emprèn la marxa pel camí corresponent.

—Encara no tinc massa clar què dimonis passa en aquest món. Això és una bogeria! —protesta en Francesc.

—No t'amoïnis, noi clàssic, és normal que ho trobis estrany —el consola la fada—. He de reconèixer que no ho fas malament del tot. La teva tunelejada ha estat atòmica!

—Vaja, moltes gràcies, Quiona... Però la veritat és que segueixo sense entendre això de la superposició i del col·lapse.

—Posem un exemple —li diu la seva guia mentre alça la vareta i materialitza del no-res un gobelet i un dau; tot seguit afegeix—. Has jugat a daus alguna vegada?

La Quiona sacseja el gobelet amb el dau i el posa a terra, cap per avall. Al cap d'uns segons, per posar més emoció al joc, aixeca el gobelet i veiem que el dau marca un sis.

—Molt bé —sentencia la fada—. Què ha passat, aquí?

En Francesc no acaba d'entendre què pretén la Quiona, i arronsa les espatlles.

—Ja veig que ho hauré de fer tot jo! —es queixa la fada—. Segons la teva visió clàssica i les teves idees preconcebudes, quan el gobelet estava cap per avall, abans de descobrir-lo, el dau marcava un sis. Simplement desconeixies aquesta informació fins que l'has pogut veure.

—Et segueixo. Això és el que ha passat.

—Doncs aquí, en el món quàntic, les regles del joc són diferents. —La Quiona torna a sacsejar el gobelet i el posa a terra cap per avall—. Ara mateix, abans d'alçar el gobelet i descobrir-lo, el dau marca totes les cares a la vegada: un u, un dos, un tres, un quatre, un cinc i un sis... Totes les possibilitats coexisteixen simultàniament.

En el moment que acaba la frase, aixeca el gobelet i en Francesc torna a veure que el dau marca un sis. La Quiona reprèn l'explicació:

—L'instant en què observem el dau, en destapar el gobelet, és quan es defineix una de les opcions. En aquest cas, de totes les possibilitats, ha sobreviscut l'opció del sis. Una partícula quàntica, en una bifurcació, pot passar pels dos camins a la vegada. Però en el teu món clàssic, si treus el cap per veure com passa pels dos camins simultàniament... pel simple fet d'observar-la, la partícula decidirà passar només per un dels dos.

—I això és el que m'està passant ara a mi: un Francesc ha agafat un camí a la bifurcació i l'altre és aquí amb tu. Però si un ésser humà no pot veure la superposició, com és que jo l'estic vivint?

—És l'avantatge d'anar amb una fada quàntica —diu ella, tot picant-li l'ullet—. Molt bé, ja hem arribat al centre. Aquí hauràs de col·lapsar l'altre Francesc.

La Quiona aixeca la vareta i torna a aparèixer la resplendor brillant.

El camí de l'esquerra

Acompanyat pel gat misteriós, el segon Francesc emprèn la marxa pel camí que li ha tocat.

—Encara no tinc massa clar què passa en aquest món. Això és una bogeria! —protesta en Francesc.

—Entenc que estiguis una mica confós —li contesta el gat—. Però recorda l'antiga dita dels humans: «Si preguntes, semblaràs beneit un dia; si no preguntes, seràs beneit tota la vida». No deixis passar mai una oportunitat per aprendre.

—Això ja és massa —se sorprèn en Francesc—. Aquí fins i tot els gats saben parlar, i a més donen lliçons... Tu també ets expert en superposició?

—Sí, en sóc el millor exemple de quatre potes. Aquí sóc força famós —afegeix, assenyalant amb el morro una de les parets—: Fixa't en aquest cartell que hi ha penjat al mur.

Sobre la imatge d'un gat fantasma, s'hi pot llegir amb lletres a l'estil Far West:

—Però, per què et busquen? —s'estranya en Francesc—. No fas fila de ser perillós. Què has fet? A més, hi ha un error d'impremta. Hi hauria de posar VIU O MORT.

—T'equivoques, aquesta és la gràcia: jo estic viu i mort al mateix temps. T'explicaré la meva història... Jo sóc el gat de Schrödinger. Fa temps, per fer un experiment quàntic, em van tancar en una caixa opaca sense cap forat per on se'm pogués veure. A la caixa hi havien posat un flascó de gas verinós que anava connectat a un dispositiu que permetia trencar el flascó.

—Pobre! I algú va deixar anar el gas verinós?

—La qüestió és que el dispositiu s'activava amb una partícula quàntica, i l'autor de l'experiment la va deixar escapar. El mecanisme era el següent: hi havia un moment que la partícula podia passar per dos camins. Si passava pel camí de l'esquerra, el mecanisme s'activava i el flascó es trencaria.

—És a dir, que et mataria.

—Exacte! Però si la partícula passava pel camí de la dreta, el mecanisme no s'activaria.

—Seguiries viu.

—Aleshores, comprens el problema que això va provocar?

—Quin problema? Els vas denunciar a una associació protectora d'animals?

—Doncs no ho vaig pensar... Però tornant al cas, com que es tractava d'una partícula quàntica, no va passar per l'esquerra o per la dreta, sinó que es va produir una superposició: va passar per l'esquerra i per la dreta al mateix temps.

—Com el que ha fet amb nosaltres la Quiona! Però aleshores, què et va passar?

—En passar per l'esquerra i per la dreta al mateix temps, el dispositiu es va activar i no es va activar. Per tant, jo vaig quedar viu i mort alhora. És a dir, em trobo en un estat de superposició. Però si algú hagués obert la caixa, m'hauria trobat viu o mort, perquè els humans no poden veure la superposició. En obrir la caixa, només quedaria una de les dues possibilitats. S'hauria col·lapsat la superposició. En el vostre món, els gats no poden estar vius i morts a la vegada, però en el nostre sí.

En Francesc prova d'imaginar aquell experiment insòlit i pregunta:

—I què va passar? Vas sobreviure?

—No és tan fàcil! Els científics estaven tan sorpresos amb l'experiment que ningú es va recordar d'obrir la caixa. I aquí em tens... M'he quedat dintre del món quàntic, en una superposició: estic viu i mort per sempre.

—Bé, això no està gens malament. Ets immortal!

—Immortal i sempre mort. Les dues coses alhora.

—És ben estrany!

—Recorda que aquí les coses no són blanques o negres, sinó blanques *i* negres.

En aquest moment, en Francesc escolta en la distància unes paraules de la Quiona: «Molt bé, ja hem arribat al centre. Aquí hauràs de col·lapsar l'altre Francesc».

De sobte, nota com s'esvaneix l'escenari que l'envolta. Un instant després apareix en companyia de la Quiona, amb el record d'haver jugat a daus amb ella.

El centre del laberint

En Francesc està lleugerament desorientat i triga uns segons a situar-se.

—T'has col·lapsat bé? —li pregunta la fada.

—Em sembla que sí... —respon en Francesc, no massa

convençut—. Estic recopilant la informació que m'heu donat tu i el gat de Schrödinger.

Els nostres protagonistes es troben al bell mig d'una placeta. Un mirall gran i ovalat hi destaca al centre. Per a sorpresa d'en Francesc, en comptes de reflectir-lo a ell, el mirall mostra la imatge de la cuina de casa seva, on pot veure la Sonia posant el bullidor al foc.

—Ha arribat el moment que tornis al teu món —el distreu la Quiona—. Si vols aclarir algun dubte, ara és el moment.

—Si començo, no acabaré... però tinc una pregunta sobre el joc de daus que m'has explicat abans.

—Dispara —diu la Quiona, que torna a fer a aparèixer el dau i el gobelet.

—Dius que aquí, al món quàntic, abans d'aixecar el gobelet i mostrar el dau, aquest marca totes les cares simultàniament...

—Exacte, totes les possibilitats coexisteixen a la vegada —confirma la fada.

—Doncs no ho dic per ofendre ni per contradir-te... però, com sé que el que dius és veritat i no una anada d'olla? Podria passar perfectament que el dau ja marqués un sis, i tu t'inventessis això que marca totes les cares.

—Per bé que m'ofèn que no tinguis una fe cega en mi —riu la Quiona—, fas bé de ser escèptic. Tens una ment molt més científica del que et penses, i això és bo. Veuràs —continua la fada—, hi ha una manera de mesurar al laboratori el fet que el dau mostri totes les cares en superposició: l'experiment de la doble ranura.

—La Sonia ja me'n va parlar, d'aquest experiment de Young.

—Sí, però ara li has de demanar que t'expliqui la versió quàntica d'aquest experiment. Així sabràs com pots «veure» les conseqüències del fet que el dau marqui totes les cares a la vegada... Per desgràcia, a nosaltres ja no ens queda més temps. Amic meu, aquí s'acaba la teva aventura en el món quàntic.

—Però ens tornarem a veure, oi? —s'acomiada amb tristesa de la fada, tot fent-li una abraçada espontània.

—Molt abans del que t'imagines.

En Francesc s'apropa al mirall i, sense dubtar-ho, el travessa per tornar al seu món.

Un altre esmorzar amb partícules

La Sonia seu a la taula de la cuina amb dues tasses de te fumejant a les mans.

—Com ha anat amb la Quiona? —pregunta al reaparegut Francesc mentre li ofereix una de les infusions.

—És el viatge més atòmic que he fet a la vida! Encara dubto que no hagi estat un somni...

—La Quiona és una fada encantadora.

—Per cert, tu també saps teleportar-te, Sonia? —pregunta en Francesc amb tota normalitat.

—No, és clar que no... per què ho dius?

—Aleshores, com t'has colat a casa meva?

—He trucat unes quantes vegades, però no contestaves —diu ella, mentre li apropa una cadira—. He fet servir la clau que guardes sota l'estora. Per cert, si em permets un consell, no és un amagatall gaire bo... He vingut directament de l'aeroport. Si et sembla bé, et convido a esmorzar i m'expliques el que has après.

—Esmorzar? —pregunta en Francesc, estranyat—. Però si només he estat fora un parell d'hores...

—El temps no passa de la mateixa manera en el món quàntic. Són les vuit del matí.

—Vaja! Avui m'hauràs de deixar que et convidi jo a l'esmorzar amb partícules, però abans voldria que li donessis una cosa a la Quiona, de part meva.

En Francesc va cap a l'ordinador, i després de buscar una estona entre els documents, imprimeix un full.

—És una faula que m'agradaria regalar a la meva fada...

La moneda i el destí

Un relat tradicional zen parla de com ens podem enfrontar a situacions adverses, en les quals totes les possibilitats són obertes.

Explica que, durant una batalla transcendental, un general japonès va decidir atacar. Per bé que el seu exèrcit es veia àmpliament superat en nombre de soldats, estava totalment segur que vencerien, tot i que els seus homes ho dubtaven.

De camí cap a la batalla, es van aturar en un santuari religiós. Després de resar amb tota la tropa, el general va treure una moneda i va dir en veu ben alta:

—Ara llançaré aquesta moneda. Si surt cara, guanyarem. Si surt creu, perdrem. El destí es revelarà ara mateix.

Va llençar la moneda a l'aire i tots la van mirar amb ansietat quan va caure a terra. Va sortir cara.

Els soldats estaven tan plens d'alegria i confiança que van atacar vigorosament l'enemic i en van sortir victoriosos.

Després de la batalla, un tinent va comentar al general:

—Ningú no pot canviar el destí.

—Absolutament correcte —va respondre el general mentre mostrava al tinent la moneda, que era idèntica pels dos costats.

L'ensenyança d'aquesta faula és molt clara. Si en el món quàntic no podem escollir quina possibilitat *col·lapsarà*, en els afers humans l'actitud està per sobre de l'aptitud, per la qual cosa som pilots del nostre propi destí.

6

Les ombres de la realitat

> La necessitat de trobar una sortida a aquest tràngol no hauria de veure's frenada per la por de suscitar les burles dels savis racionalistes.
>
> ERWIN SCHRÖDINGER

El principi de superposició ens desconcerta. Oi que costa d'imaginar que una bala *quàntica* pugui recórrer dos camins diferents a la vegada?

La Quiona, en el món quàntic, ens parlava de la superposició jugant amb un gobelet i amb un dau.[1] Desafiava la nostra lògica quan ens explicava que abans d'aixecar el gobelet i descobrir el dau, tots els resultats coexistien: l'u, el dos, el tres, el quatre, el cinc i el sis, tots alhora. Només quan apartàvem el gobelet que cobreix el dau, quan l'observàvem, només aleshores les probabilitats col·lapsaven en una sola opció: el sis, per exemple.

Llavors, en Francesc li plantejava una pregunta lícita:

—Per què hauria de creure't? El sentit comú em diu que el dau ja marcava un sis abans que el destapessis. Simplement desconeixíem la informació perquè fins que hem aixecat el gobelet no hem vist el dau. Però el sis ja era allà!

1. Al capítol anterior.

Abans d'acomiadar-se d'ell, la fada quàntica havia comentat a en Francesc que, en el nostre món, podem dur a terme un experiment concret: una manera de comprovar, al laboratori, les conseqüències del fet que el dau estigui en superposició (oferint totes les cares al mateix temps). Aquest és el famós experiment de la doble ranura, en *versió quàntica*.

L'EXPERIMENT DE LA DOBLE RANURA, «VERSIÓ QUÀNTICA»

Amb l'experiment clàssic de la doble ranura vam entendre la diferència de comportament entre ones i partícules, també anomenades *corpuscles*.

Quan fem travessar les partícules (per exemple, les bales d'una metralladora) per la placa d'una doble ranura, obtenim un patró molt senzill: dues franges que ens il·lustren el lloc on s'han incrustat les bales.

Obtindrem un resultat molt diferent quan allò que fem passar per la doble ranura no són partícules sinó ones: a la paret final s'hi dibuixa el que s'anomena patró d'interferència.

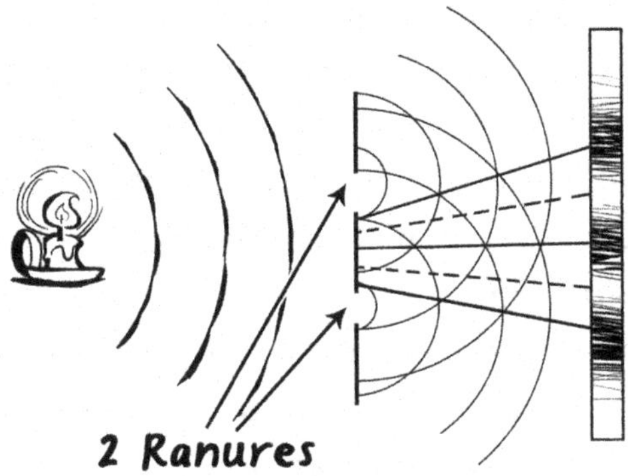

En els punts de la paret on les ones interfereixen de manera constructiva, com vam veure en el capítol 4, tindrem un màxim d'intensitat de llum, i en els que ho fan de manera destructiva obtindrem la foscor. Aquest patró es repeteix i s'escampa al llarg de tota la paret.

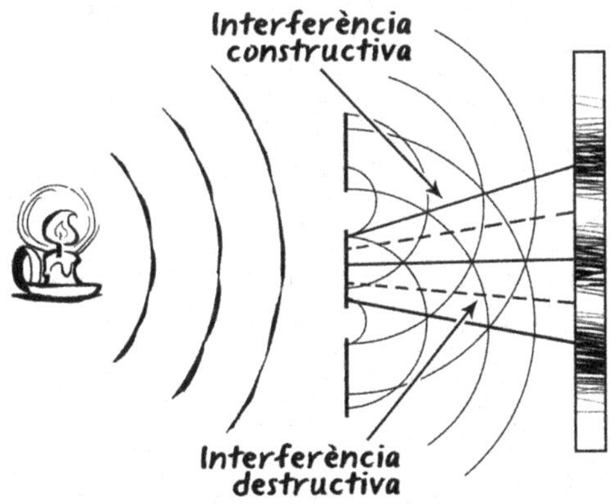

Molt bé, de moment... Però, què passa si ens endinsem en el diminut món quàntic?

Farem el mateix experiment, però ara el que dispararem no seran bales, sinó feixos d'electrons.

Partim de la base que els electrons, petits trossets de matèria, són com boletes minúscules. El que esperem trobar a la paret és un patró idèntic al que formen les bales: dues franges verticals on els electrons s'hauran quedat *incrustats*.

Però els científics van obtenir un resultat inesperat. A la paret final van trobar un patró d'interferència: múltiples franges al llarg de la paret. El mateix resultat que s'observa amb les ones. Com és possible?

Els físics van pensar que potser els electrons topaven entre ells d'alguna manera concreta per generar aquest patró tan recognoscible d'interferència. Per descartar que el motiu fos aquest, van decidir llançar els electrons d'un en un i evitar d'aquesta manera que topessin entre ells.

Passats uns minuts, quan ja havien llançat un nombre suficient d'electrons, van observar que a la paret s'hi havia reproduït exactament el mateix patró d'interferència que en el cas anterior.

Aquest resultat els va deixar bocabadats, perquè l'única explicació al fenomen era una bogeria: cada electró, en arribar a la doble ranura, adquiria propietat d'ona, passava per les dues ranures al mateix temps (com si es desdoblés!), interferia després amb ell mateix i prosseguia el seu camí fins a impactar contra la paret.

Això explicava per què havíem trobat les franges pròpies d'un patró d'interferència.

Desconcertats encara, van decidir col·locar un dispositiu per presenciar com caram aquella partícula diminuta aconseguia passar simultàniament per les dues ranures.[2]

Va ser aleshores quan el món quàntic va donar el cop mestre. El simple fet d'observar o mesurar l'electró va provocar que aquest no passés per les dues ranures, sinó que

2. Aquesta segona part de l'experiment es coneix com *Gedankenexperiment* o «experiment mental». En comptes de fer-se en un laboratori, es crea un escenari hipotètic que ens ajuda a comprendre certes teories científiques.

ho va fer només per una. El mateix que s'esperava que faria una bala. I com que la naturalesa segueix unes lleis (encara que no sempre les comprenguem), a la paret van aparèixer dues franges verticals, en comptes d'un patró d'interferència.

El resultat havia canviat dràsticament.

Ara bé, si triem no col·locar cap dispositiu de mesurament, l'electró passarà per totes dues ranures, i es comportarà com una ona.

Totes les possibilitats coexisteixen. De la mateixa manera que coexistien les sis cares en el dau quàntic de la Quiona. La manera de detectar la superposició en el nostre experiment és aquest famós patró d'interferència a la paret.

Malgrat tot, si triem col·locar un dispositiu de mesurament per veure per quina ranura passa l'electró, aquest escollirà només una de les possibilitats: o l'esquerra o la dreta, però no totes dues. L'electró es «col·lapsa» en una de les opcions (per ser precisos: la funció d'ona de l'electró col·lapsa en una de les opcions). Igualment, quan la Quiona aixecava el gobelet i observàvem el dau, aquest decidia mostrar només una de les cares.

El simple fet de mesurar o observar canvia definitivament el comportament de l'electró i, en conseqüència, el patró de la paret.

Hi ha tres preguntes típiques que sorgeixen quan ens expliquen aquest experiment.

1. Com és possible que la naturalesa es comporti d'una manera tan estranya?

La nostra recomanació en aquest punt és fer cas a Feynman: «Si us quedeu atrapats en aquesta pregunta, entrareu en un cul-de-sac del qual ningú no ha aconseguit escapar mai».

2. Aleshores, podem crear la realitat segons el nostre caprici, obligar la naturalesa a seguir els nostres desitjos?

De vegades hem vist que aquest experiment es feia servir per demostrar científicament que som creadors i responsables del disseny de la *realitat* segons el nostre caprici.

Aquí es comet un error per omissió. És cert que en aquest experiment veiem que l'*observació* afecta la *manera* com es comporta l'electró. Quan decidim si col·loquem o no els detectors de mesurament, decidim quina propietat esdevé realitat: o bé passarà per les dues ranures (ona i patró d'interferència), o bé per una de sola (partícula i dues franges verticals).

Però no podem eludir la nostra gran limitació: encara que optem per observar la trajectòria de l'electró i que aquest es comporti com una partícula, no travessarà la ranura que nosaltres vulguem. És cert que passarà per una de les dues, però aleatòriament.

Totalment a l'atzar.

L'elecció de la ranura és impredictible i incontrolable —per moltes ganes que tingui l'observador de fer que passi per una en concret.

De la mateixa manera, si escollim no observar la trajectòria de l'electró, tampoc influirem de cap manera en el punt específic en el qual cada electró particular impactarà sobre les zones permeses pel patró d'interferència.

Ambdós resultats són completament aleatoris.

Aquest matís esdevé una canonada que fa diana en un dels postulats de la física newtoniana: el determinisme.

La física quàntica és no determinista.

Aquesta aleatorietat molestava Einstein. Ell creia que calia un motiu determinista perquè l'electró escollís un camí o l'altre (d'aquí la famosa frase «Déu no juga a daus»).

MATCH POINT - ATZAR CONTRA DESTÍ

Aquesta pel·lícula de Woody Allen comença amb la veu *en off* del protagonista, que diu:

> L'home que va afirmar «m'estimaria més ser afortunat que bo» tenia una perspectiva profunda de la vida. La gent té por de reconèixer que una part molt important de la vida depèn de la sort. Fa por pensar que hi ha tantes coses sobre les quals no tenim cap control. Hi ha moments en un partit de tennis que la pilota pica contra la xarxa, i durant una dècima de segon pot seguir la seva trajectòria o bé caure cap enrere. Amb una mica de sort, segueix la trajectòria i guanyes. O potser no, i perds.

Aquesta trama planteja el paper de l'atzar en la vida del protagonista. L'atzar li fa perdre un partit crucial que el converteix en professor de tennis en un club de l'alta societat. El mateix atzar el porta a les altes esferes de l'aristocràcia fins que es casa amb una hereva milionària, passant d'aquesta manera de la pobresa al luxe. També és un cop de sort el que evita que el crim horrible que comet no sigui descobert.

Però en aquesta presentació dels fets, el protagonista sembla protegir-se sota el paraigua de l'atzar per no assumir la responsabilitat de les seves decisions.

Però l'aleatorietat de la naturalesa no era el que més incomodava Einstein, sinó un aspecte més profund que enllaça amb la tercera pregunta que ens plantegem:

3. La quàntica nega una realitat física, o bé existeix la realitat però no hi podem arribar?

Albert Einstein afirmava: «Una partícula ha de tenir una realitat separada i independent dels mesuraments. És a dir, un electró té òrbita, posició i altres propietats, encara que no se l'estigui mesurant. M'agrada pensar que la lluna segueix allà dalt quan no la miro».

Tanmateix, la interpretació més estesa de la mecànica quàntica sosté que les propietats de les partícules fonamentals no estan definides quan no les observem.

Estem acostumats a mirar un objecte i assumir que segueix allà quan deixem de mirar-lo. Que mantindrà una posició, un color, una textura, etcètera. És a dir, que posseeix propietats ben definides encara que no el miri ningú.

Però a nivell quàntic les coses no funcionen així. Fins que no l'observem, no podem dir que l'electró està realment en una posició determinada.[3]

Què ens intenta dir la naturalesa, amb tot això?

La mecànica quàntica no ens ofereix una explicació, però prediu el que succeirà (gràcies a això podem desenvolupar la tecnologia actual). Potser la física quàntica no és l'última resposta... Einstein és el que creia, i precisament en la seva recerca d'un món real va topar amb un altre fenomen extravagant del món quàntic: l'entrellaçament.[4]

El Museu de la Realitat

En el mite de la caverna, Plató ens descriu el que entenem per realitat com unes ombres d'una entitat superior, el món de les idees. Aquesta visió metafísica de la realitat és present en reli-

3. Qui encara no tingui mal de cap per culpa de tanta superposició i col·lapse de funcions d'ona, pot veure un altre exemple a l'apèndix del capítol 7.

4. El veurem a l'apèndix del capítol 7.

gions com el cristianisme, que també estableix un regne superior que inspira el terrenal a través de Déu i els seus profetes.

Amb el lema «*cogito ergo sum*» (penso, per tant existeixo), Descartes va presentar una novetat important al segle XVII: el simple fet de poder pensar la realitat és una realitat en ella mateixa, sense necessitat d'un ens extern que la justifiqui. Aquest principi va donar el tret de sortida a la filosofia moderna.

Al segle XVIII, Hume aprofundeix en aquesta idea i arriba a la conclusió que no hi ha cap altra realitat que la que percebem a través dels sentits, que són l'única font vàlida de coneixement. Per tant, tal com postula el positivisme, no podem estar segurs de l'existència d'una cadira quan no la mirem.

També Kant va treballar sobre la mateixa visió, en vincular la realitat a l'experiència humana, per bé que acceptava la realitat emboirada de l'origen de l'univers com un aspecte que pot ser pensat però que no es pot conèixer.

En arribar el segle XX, Einstein inaugura amb la relativitat un concepte nou de la realitat. Una cosa que fins aleshores havia estat immutable, com era el temps, existeix i es comporta de manera diferent segons el lloc i l'estat de l'observador.

Per acabar de dinamitar el nostre concepte de la realitat, la física quàntica transmuta aquest concepte per les *possibilitats*. No hi ha una única veritat, sinó moltes de possibles, que a més poden conviure en el temps i l'espai, i que col·lapsen (es determinen) davant la presència de l'observador, que malgrat tot no pot escollir el resultat.

Aleshores, què és la realitat?

Seguirem descobrint-ho al llarg d'aquest viatge.

La veritat habita a les profunditats

A les *Questions quàntiques*, de Ken Wilber, una antologia d'escrits filosòfics de físics famosos, hi ha un article de Heisenberg, l'autor del principi d'incertesa, que va ser fonamental per a la física moderna.

Sota el títol de «La veritat habita a les profunditats», el premi Nobel de 1932 recorda una trobada a Copenhaguen, vint anys més tard, amb Niels Bohr i Wolfgang Pauli. La reunió d'aquests «cultivadors de la física atòmica», com els anomena Heisenberg, tenia l'objectiu de parlar sobre la construcció d'un accelerador de partícules europeu. El que més endavant es convertiria en el CERN.

Però aquests tres físics, que ja havien coincidit en el cèlebre simposi Solvay, van aprofitar per filosofar sobre la realitat i els límits de la ciència. Els tres amics s'estaven preguntant si les teories quàntiques formulades un quart de segle abans encara eren vigents, quan Niels Bohr va recordar una altra trobada de filòsofs que s'havia produït a la capital danesa.

La major part dels convidats eren positivistes, és a dir, que s'aferraven només a fets i mesuraments demostrables, i van demanar a Bohr que els parlés de la teoria quàntica. El físic danès ho recordava així: «En acabar la meva conferència, ningú no va plantejar cap objecció ni em va formular cap mena de pregunta compromesa, però he de dir que aquest fet em va provocar un enorme desencant. Perquè la persona que no se sent profundament estranyada en entrar per primer cop en contacte amb la física quàntica, l'única explicació possible és que no l'ha entesa».

Aquesta anècdota va encendre un debat profund entre tots tres sobre els límits de la física, de la metafísica, i fins i tot del llenguatge que fem servir per descriure la realitat.

Aleshores, Niels Bohr va citar un poema de Schiller que diu: «Només una ment plena és clara, i la veritat habita a les profunditats». Aquest abisme del qual sabem poc o res no afecta únicament la ciència, sinó també el llenguatge.

Una de les raons per les quals els positivistes rebutjaven les visions dels filòsofs anteriors a la metodologia científica era que intentaven abraçar amb el seu llenguatge uns conceptes que requereixen una precisió enorme.

Sobre això, Heisenberg considerava que era absurd menysprear els problemes i les idees plantejats pels filòsofs antics només perquè no fossin capaços d'expressar-se en un llenguatge més precís, de la mateixa manera que podem extraure punts de vista valuosos de les paràboles mitjançant les quals les religions expliquen l'univers.

En paraules de Heisenberg mateix: «La solució dels positivistes és molt simple: hem de dividir el món en dues parts, allò que en podem dir amb tota claredat, i la resta de coses, sobre les quals el millor que podem fer és no dir res. Però algú pot concebre una filosofia més inútil, quan veiem que allò que podem afirmar és poc menys que res? Si haguéssim de deixar de banda tot allò que no és clar, molt probablement ens veuríem reduïts a una sèrie de tautologies trivials i completament desproveïdes d'interès».

Dit d'una altra manera, si la ciència s'hagués limitat a indagar les veritats evidents i totalment demostrades, la física quàntica no existiria, i tampoc la majoria d'avenços científics que ens faciliten la vida. Com deia Jules Verne: «Tot allò que un ésser humà pot imaginar, un altre ho acabarà fent realitat».

Hi ha intuïcions genials que poden trigar dècades, potser segles, a ser demostrades, però l'esperit humà ha arribat on és ara gràcies a la capacitat de submergir-se en els abismes d'allò que gairebé no pot ser anomenat.

Veiem allò que creiem?

El budisme afirma que en veure la realitat la tenyim de nosaltres mateixos. Això passa perquè la nostra percepció interactua amb el que creiem que és el món exterior. Dit d'una altra manera, no es pot separar amb un bisturí el que s'observa de l'observador.

Això ho hem plantejat a l'experiment de la doble ranura.

En una conferència pronunciada per Beau Lotto per a Ted Talks, l'investigador parla sobre les il·lusions òptiques, que revelen molt més del que creiem sobre la nostra manera de percebre el món: «Dos quadrats d'un color gris idèntic ja no són iguals si els sobreposem damunt de fons il·luminats de manera diferent. Si, per exemple, en posem un sobre un fons negre, semblarà més clar que un altre sobre un fons blanc. El que cal entendre aquí és que la diferència no és el to que hem fet servir per al fons, sinó la informació cerebral que tenim guardada del nostre propi passat i que és la que ens transmet aquesta sensació falsa».

El nostre cervell no veu el món exactament com és, sinó com li va ser útil que fos en el passat, i per tant, de la manera més apropiada per a la nostra supervivència.

Des d'un punt de vista neurològic, la percepció és un punt de trobada entre l'observador i allò que observa. No podem parlar d'un «observador extern» perquè sempre hi ha algun grau d'interacció entre qui mira i l'objecte mirat.

Si fem un símil amb el món de l'antropologia, el treball de camp en el si d'una tribu mai serà objectiu ni completament fiable, ja que, amb la seva presència, l'antropòleg altera l'ordre natural de la vida que està observant.

Això és una metàfora del que succeeix amb les observacions de la quàntica, on l'observador (o el mesurament) sembla tenir un paper rellevant en els resultats.

Els estudis que s'han dut a terme sobre la percepció, com els publicats per Rainer Rosenzweig a *Mente y cerebro*, han demostrat que estem subjectes a il·lusions que ens poden portar a conclusions equivocades: «El nostre sistema visual està acostumat a la distorsió causada per la perspectiva, que compensa de forma activa. Durant el processament d'informació visual, el cervell contraresta la deformació, sense que nosaltres puguem influir-hi».

En tenim una prova en l'experiment de Roger Newland Shepard, de la Universitat de Stanford. Fixem-nos en la il·lustració següent. Quan observem aquestes dues taules, que tenen la perspectiva de les potes mal dibuixada, es crea el fals efecte que són diferents. Però si les mesurem, ens sorprendrà veure que són idèntiques, tant de llarg com d'ample.

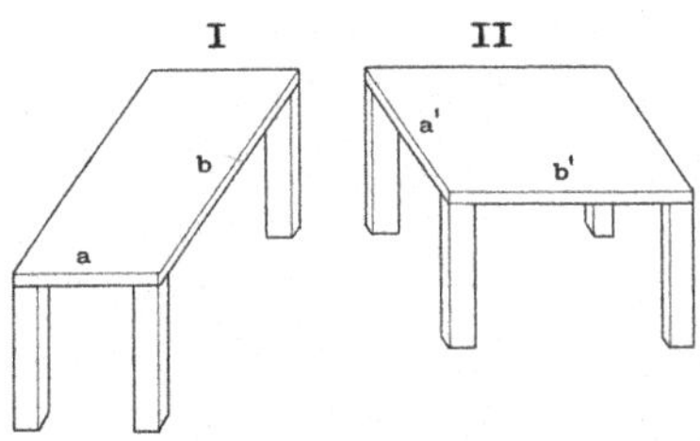

Rosenzweig afegeix que l'ésser humà actual no es troba indefens davant de les il·lusions òptiques, ja que sempre pot verificar les percepcions mitjançant els experiments. Amb els instruments adequats, un simple mesurament pot corregir una impressió falsa: «El raonament crític aporta a cada individu allò que la metodologia científica ofereix a la humanitat: una capacitat de discerniment més enllà de la simple percepció visual».

Com que molts principis de la quàntica superen els límits del nostre raonament habitual, es tracta d'acceptar la realitat del que és diminut sense els prejudicis de la realitat macroscòpica.

No obstant això, el fet que la nostra percepció sigui subjectiva no significa que la puguem manipular al nostre gust. No podem triar el que volem veure, contràriament a l'opinió generalitzada segons la qual «veiem el que creiem». V.S. i D.R. Ramachandran apunten el concepte següent: «La percepció es proposa computar ràpidament respostes aproximades que resultin acceptables per a la supervivència immediata: no convé aturar-se a valorar si el lleó és a prop o lluny».

Certament, com dèiem al començament, tenyim la realitat amb els nostres propis filtres (prejudicis, expectatives, idees preconcebudes). Però quan s'acosta un lleó, tothom es posa a córrer. En això sí que estem d'acord.

Olla vigilada no bull mai... sobretot si l'olla és quàntica

Una dita popular diu que «Olla vigilada no bull mai». Per bé que en el nostre dia a dia ho acabarà fent, tant si la vigilem com si no, és cert que molts bullim d'impaciència mentre esperem que ho faci.

En el nostre món macroscòpic, mesurar o observar un objecte no fa que canviï d'estat. Si l'olla està a mitja ebullició, per molt que la mirem (o que no ho fem), li faltarà el temps necessari per bullir.

En canvi, en el món quàntic, les regles del joc canvien. Entra en escena el que es coneix com *efecte Zenó quàntic*, que, si ens permeteu l'analogia —una mica barroera—, ens diu el següent: si posem una olla al foc i l'observem abans que comenci a bullir, la física quàntica ens castigarà a tornar a la casella de sortida, com en el joc de l'Oca. El foc haurà de tornar a escalfar l'aigua.

Un observador del món quàntic massa impacient, que vigilés l'aigua a cada moment, acabaria impossibilitant l'ebullició.

Aquest fenomen contrari a la intuïció humana és fruit de la influència misteriosa que té el mesurament en la física quàntica. Quan observem, avortem el procés que s'hauria produït sense l'observació.

És com si interrompessin una persona que està a punt d'adormir-se, preguntant-li a cada segon: «Ja dorms?». D'aquesta manera haurà de començar de zero una vegada i una altra el procés d'agafar el son.

A l'apèndix trobareu l'experiment d'un grup d'investigadors de Colorado en què es va posar a prova l'efecte del Zenó quàntic.

La llei de l'esforç

Sovint, l'impacte d'aquests experiments s'ha traslladat a àmbits que no tenen res a veure amb la física. Per exemple, moltes persones pensen que la llei de l'atracció és com un poder màgic: n'hi ha prou amb pensar en un objectiu perquè aquest es materialitzi.

Segons la nostra opinió, la convicció ajuda a optimitzar un resultat, com l'atleta que està convençut de poder cobrir els 100 metres llisos en menys de 10 segons. Però aquesta expectativa positiva no serveix de res sense milers d'hores d'entrenament i unes condicions físiques molt propícies.

És un fet evident que, només de pensar una cosa (per exemple, que ens tocarà la loteria), no n'hi ha prou perquè es faci realitat. Per bé que la comparació a nivell psicològic que plantejarem és tan errònia com l'anterior,[5] a nosaltres ens agrada més pensar que l'efecte Zenó quàntic ens planteja una llei nova, no apta per a ganduls: la llei de l'esforç. Com cita Jorge Valdano en un dels seus llibres: «L'Èxit només va abans que el Treball al diccionari».

5. Insistim que aquí només fem un joc de paraules, no volem dir que la llei de l'esforç estigui demostrada per la física quàntica.

7

Fins que la decoherència ens separi

> L'univers no solament és més estrany del que pensem, sinó més estrany del que som capaços de pensar.
>
> WERNER HEISENBERG

El vent i la pluja em colpegen el rostre. No sóc conscient de com he arribat fins aquí. Fa només unes hores era amb la Sonia... I en canvi ara estic completament sol. La tempesta s'ha tornat violenta i perillosa. Començo a córrer pels carrers d'Atlantic City, a la costa est dels Estats Units. El so de les sirenes és l'única cosa que sobreviu a l'estrèpit de l'huracà que molt aviat tindré a sobre.

Per bé que la cortina d'aigua em dificulta la visió, aconsegueixo distingir l'entrada d'un carreró estret. Potser no em protegirà de l'aigua, però ho farà del vent. Fet per fet, ja no sé si el que m'amara és aigua o suor. Decideixo ficar-m'hi.

De seguida m'adono que sóc en un carreró sense sortida. Davant meu només hi ha una paret de maons, sense portes ni finestres. Quan estic a punt de resignar-me a fer mitja volta i refer el camí, alguna cosa em frega el camal esquerre i es dirigeix ràpidament cap al mur que tinc davant dels nassos.

No arribo a distingir què és. Només puc veure una esfera desenfocada. La sorpresa és majúscula quan veig que travessa la paret sense cap dificultat. Sense temps per recuperar-me d'aquesta visió tan estranya, tres objectes més, semblants a l'anterior, travessen la paret de la mateixa manera.

Tinc un *déjà vu*. Això ja ho he viscut abans.

La memòria retrocedeix fins a la visita de la Quiona al meu apartament, quan em va teleportar al laberint del món quàntic. Allà vam veure un electró que travessava un mur com el d'avui.

És possible que aquestes curioses partícules es passegin tranquil·lament per Atlantic City?

M'acosto a la paret i m'enlluerna un rètol lluminós: CASINO DE HEISENBERG.

Si no fos cosa de bojos, juraria que ha aparegut en un mur on abans no hi havia res.

Un llampec pica darrere meu i jo salto alarmat. M'he salvat per un pèl de quedar calcinat. L'estrèpit posterior em recorda que l'huracà és cada cop més a prop.

—Serà millor que tunelegis. Aquí les coses s'estan posant lletges.

La veu prové d'un ésser baixet que tinc a la meva dreta. Sembla sortit d'un conte d'elfs nòrdic. No fa més d'un metre d'alt, és prim i té els ulls d'un color verd brillant. Les pupil·les negres no són rodones, sinó ovalades com les d'un felí. Els cabells llisos i rogencs li cauen damunt les espatlles.

Abans que li pugui preguntar res, arrenca a córrer cap a la paret. A diferència dels electrons, el petit ésser s'estampa contra el mur i cau de morros a terra.

Immediatament s'aixeca, atordit, i s'espolsa l'aigua de la roba. Després repeteix el mateix moviment, però a diferència del primer intent, ara aconsegueix desaparèixer darrere el mur.

Decideixo tunelejar i seguir l'elf. En realitat no és res que no hagi fet abans, per bé que amb la Quiona al costat tot semblava possible... Corro en direcció al mur. Just abans d'arribar-hi, em tapo la cara amb els braços perquè l'impacte sigui més lleu. Però no hi ha cap impacte.

Ho he tornat a aconseguir: he travessat la paret.

El Casino de Heisenberg: la banca sempre guanya

L'escenari que s'obre davant meu podria semblar idèntic al dels casinos il·legals de les clàssiques pel·lícules de gàngsters, si no fos pels personatges estranys que s'amunteguen al voltant de les ruletes i les taules de joc.

Diversos elfs fan apostes a les taules. Juguen a cartes, a daus o a la ruleta. Entre aquests darrers, distingeixo les esferes borroses que he vist tunelejar al carreró. Quan les observo, m'entra mal de cap. És com si portés les ulleres mal graduades i les figures fossin completament borroses. A més, no hi ha manera que aquestes boletes empipadores s'estiguin quietes.

Tanco els ulls amb força i sacsejo el cap, com si d'aquesta manera em pogués aclarir la visió, però quan torno a obrir-los comprovo que no ha canviat res.

Decideixo apropar-me a una de les taules de joc, presidida per una gran ruleta. Allà, una jove d'extraordinària bellesa, amb un vestit ajustat de color vermell, encoratja els espectadors perquè facin apostes. Una cabellera rossa i llarga li cau per damunt les espatlles descobertes i s'escampa per l'escot vertiginós.

Tan bon punt m'ha vist, es dirigeix a mi amb la veu més seductora que he sentit mai:

—Vols provar sort, noi?

—Si m'expliques les regles... —li dic sense poder-me resistir al cant de sirena.

La bella crupier, amb un somriure encantador que descobreix unes dents blanques, m'assenyala la ruleta que té al davant. Hi ha trenta-sis números, que alternen els colors vermell i negre.

—És molt senzill —explica, i se m'acosta encara més—: en comptes d'una bola, com en un casino normal, llançaré cent boles a la ruleta. Si alguna de les cent cau en un número negre, guanyes tu. En cas contrari, guanya la banca.

Aquesta variació del joc em sembla prou estúpida. Si hi llança cent boletes, és impossible que cap no caigui en un dels divuit números negres.

Accepto el repte, sense pensar que encara no he comprat cap fitxa.

La jove atractiva comença el joc i llança les boletes una rere l'altra, com una metralladora, sense deixar temps entremig.

De seguida noto alguna cosa estranya en el comportament de les boles que van entrant a la ruleta: en el moment que ella les llança, es desenfoquen i no sóc capaç de veure'n el recorregut.

Al final, les cent boletes han quedat disposades de forma peculiar a la ruleta, que cada cop gira més lentament. Les boles s'amunteguen (unes quantes a cada casella) exclusivament en les posicions vermelles, mentre que les negres han quedat buides.

Què caram ha passat?

—La taula deu estar trucada —protesto—. Això és impossible!

Al meu costat, un elf amb ulleres de saberut i un vestit de jaqué em corregeix:

—Home, impossible no ho és... Hi ha una probabilitat no nul·la que una de les boletes caigui en algun número negre... En canvi, sí que hi ha una probabilitat nul·la que algú que tingui una mica de seny gosi apostar per un mínim d'interferència.

No entenc un rave del que em diu. Mínim d'interferència? Però... que no estic jugant a la ruleta?

La jove bellesa se m'acosta, satisfeta d'haver-me engalipat.

—Has perdut. Ara et toca pagar.

Humiliat i confós, regiro les butxaques dels pantalons, però no tinc fitxes. Una suor freda m'amara l'esquena.

—Ho sento, m'he oblidat de passar per caixa i... —m'excuso.

De cop i volta, el rostre atractiu de la noia vestida de vermell es transforma en una ganyota monstruosa. Li surten de la boca unes dents horribles i punxegudes, emet un udol semblant al d'un llop i els ulls se li tornen tan vermells com el vestit.

Algú m'estira cap enrere pel cinturó dels texans. L'elf que abans m'ha animat a tunelejar en el carreró m'acaba d'allunyar del monstre engalipador.

—Tranquil·la, Sira —li diu a la crupier—. Me l'emporto a la banca a demanar crèdit.

L'elf m'agafa per la màniga del jersei i m'arrossega fins a un lloc segur del casino. Ens posem davant d'un mostrador semblant al d'un banc, on aparentment es compren les fitxes.

Assegut rere el taulell hi ha un ancià amb una visera negra, que no deixa de comptar, amb visible preocupació, la mateixa pila de monedes.

—Quina idea, apostar a la ruleta de la interferència... —em renya l'elf.

En aquell instant ens rodegen unes altres esferes desenfocades que no paren d'agitar-se.

—Per l'amor de Déu! —exclamo, encara més angoixat—. No poden parar de moure's, aquestes criatures del dimoni? És impossible veure-les amb claredat.

—És clar que es poden aturar —respon l'elf—. Però tampoc les veuràs amb claredat. Que no t'has fixat en el nom del casino? Aquí ningú gosaria desafiar Heisenberg!

L'elf es posa a la fila malgrat els moviments desordenats de les petites partícules que ens precedeixen.

Distingeixo un petit rètol de fusta que penja de dos fils damunt el cap del caixer. S'hi poden llegir els símbols següents, que no sé què signifiquen:

$$\Delta E \cdot \Delta t \geqslant \frac{\hbar}{2}$$

—Aquest casino és de bojos —protesto—. Aquí em donaran fitxes per pagar la Sira?

En aquell instant, una partícula borrosa es col·loca a la cua just davant nostre. El meu nou amic es queixa i impedeix que se'ns coli.

—Dimoni de partícules virtuals... —remuga— I tu, amic humà, hauràs de demanar monedes quàntiques virtuals. Has apostat una quantitat molt elevada, insensat! Tan bon punt et donin el préstec, corre cap a la taula de la Sira i lliura-li el que li deus sense perdre temps. Si no ho fas així, les monedes virtuals hauran desaparegut abans que hi arribis. I jo no em faig responsable de la teva seguretat...

EPR I ELS LLADRES DE GUANT BLANC

—Ens toca a nosaltres —dic secament a l'elf perquè deixi de sermonejar.

Ens apropem al mostrador on el caixer protesta en veu alta:

—Diantre de fluctuacions quàntiques! He de comptar més ràpid, o l'error serà cada vegada més gran...

L'elf el treu de les seves cabòries amb un cop sobre la fusta:

—Necessitem monedes quàntiques.

Aleshores entaulen una discussió sobre quelcom anomenat *electró-volt* i altres paraules estranyes que no comprenc.

Per fi, el caixer li dóna una bosseta de tela plena de monedes.

Seguint les instruccions del meu amic, corro ràpidament cap a la taula de la Sira. Ha recuperat l'aparença de la dona bella i atractiva, però aquesta vegada no penso caure en les seves urpes.

Gairebé sense mirar-la, vesso les monedes damunt la taula i aconsegueixo dir:

—Deute saldat.

Acte seguit m'allunyo tant com puc de la ruleta quàntica. De seguida em crida l'atenció una taula rodona on un jove molt elegant, vestit amb un frac, congrega una petita gentada al seu voltant.

—Les meves habilitats extrasensorials, unides a una intel·ligència sublim, per no parlar de l'atractiu natural... —deixa anar el paio mentre pica l'ullet a una noia que es ruboritza—, em permetran endevinar amb precisió si a la moneda que hi ha sota aquest mocador surt la cara o la creu.

—Quin fatxenda. —Escolto darrere meu.

Qui acaba de parlar és un home que porta una americana tronada amb taques de cafè, els cabells canosos i llargs i un barret de copa marró amb un pedaç al costat dret. Per molt que ho intenti, no aconsegueix anar gaire elegant. Sembla més aviat un captaire espellifat, molt diferent del noi maco que atrau l'atenció de tothom.

—Qui aposta? —continua el ben plantat.

Un parell d'elfs dipositen una pila de monedes sobre la taula.

—Ara i aquí us dic que, quan aixequi el mocador, a la moneda sortirà cara —diu el cregut, complagut.

Efectivament, quan enretira el mocador hi surt cara.

El jove repeteix el mateix joc una vegada i una altra i els diferents elfs van perdent les seves monedes. Si no fos perquè el noi és molt elegant i molt atractiu, aquesta escena recordaria poderosament els trilers que estafen els turistes a la Rambla de Barcelona.

De sobte, un parell d'homes amb vestit i corbata se situen a ambdós costats del jove, que està absort en el joc, i l'agafen cadascú per un braç.

—Queda detingut per estafa quàntica —diu un d'ells, tot traient una placa de policia.

Mentre el seu company l'emmanilla, el policia escorcolla el noi i li arrenca un dispositiu de comunicació ocult darrere l'orella.

—O sigui que et passava la informació a través d'aquest micròfon, oi?

—No sé de què parla, agent.

—Deixa't d'històries, els teus jocs no et serviran de res, dandi triler. Acabem d'enxampar el teu germà.

Per una sortida d'emergència veiem aparèixer dos agents més que aferren un jove exactament igual que l'altre.

—Vaja, home... Si són el parell EPR! —Sento que diu el captaire espellifat que tinc al costat.

—Qui? —li pregunto.

—Són una parella de lladres de guant blanc —diu, admirat—. El terror dels casinos quàntics.

—Però, per què els detenen? On era el truc de la moneda? És impossible que endevinés sempre la cara o la creu. O és que aquí els poders psíquics existeixen?

—Res de poders psíquics. El que fan aquest parell de lladregots EPR és fer servir l'entrellaçament.

Segueixo sense entendre el que em diuen. Aleshores es produeix un instant de pànic i confusió. D'alguna manera, els germans EPR han aconseguit alliberar-se de les manilles i inicien la fuga perseguits pels policies.

Quan estan a punt d'arribar a la porta, els dos germans es giren orgullosos i, amb l'arrogància dels lladres de guant blanc, es dirigeixen a la concurrència tot cridant:

—Fins que la decoherència ens separi!

Llavors llancen a l'aire les monedes «entrellaçades» que feien servir per al truc. Aquestes volen pel casino fins a arribar a les meves mans.

Els policies m'assenyalen, alarmats, i comencen a córrer cap a mi.

—Amic meu, jo de tu escamparia la boira —xiuxiueja el paio espellifat del meu costat—. Aquests no estan per brocs.

Espantat, començo a córrer en direcció contrària. La dona monstruosa s'afegeix a la persecució.

Presa del pànic, intento avançar més de pressa. Un grup de partícules borroses comencen a barrejar-se entre les meves cames i em fan perdre l'equilibri mentre un raig de monedes quàntiques vessen de la meva butxaca com si fos una font.

Quan caic a terra, comencen a cobrir tot el meu cos.

«Aquí s'acaba tot —penso—. Moriré enterrat sota les monedes.»

Després del malson

Em desperto enredat als llençols, completament amarat de suor. Era un malson! Alleujat, premo el botó superior del despertador de la tauleta. Una tènue llum blava projecta l'hora cap al sostre. Encara falten uns minuts per a les sis del matí.

Faig un parell de voltes al llit abans de resignar-me: ja no podré tornar a dormir.

Em trec la son de les orelles i m'assec davant l'ordinador. Abans que me n'oblidi, vull plasmar detalladament, en un missatge a la Sonia, els estranys elements que han aparegut en el meu malson. Potser ella ho podrà interpretar millor que jo.

Envio el missatge i em preparo un te.

Torno a seure davant l'ordinador, impacient, malgrat que sé que és gairebé impossible que ja ho hagi llegit, tenint en compte l'hora que és.

Gratament sorprès, veig que ha arribat un missatge a la meva safata d'entrada. És de la Sonia.

De: Sonia <sonia.desayunoconparticulas@gmail.com>
Per a: Francesc <francesc.desayunoconparticulas@gmail.com>

Bon dia, Francesc,
Em temo que pateixes de sobredosi quàntica... Però he de reconèixer que el teu somni és genial, per bé que lamento que ho hagis passat tan malament :-D
No sé si deus estar d'humor per llegir-la ara, però m'he pres la llibertat d'escriure la meva pròpia interpretació del teu malson. És clar que si jo fos el teu psiquiatra t'aconsellaria que no seguissis llegint...

EL CASINO DE HEISENBERG

Pel que m'has descrit, al somni t'has endinsat en un casino on es compleixen les normes del *principi d'incertesa de Heisenberg.*
Aquest principi ens diu que no podem conèixer al mateix temps la posició de les partícules (on són) i la seva velocitat (com i cap on es mouen). Almenys, no de manera exacta. Sempre s'ha de complir una relació com la que has vist en el rètol de fusta: $\Delta x \cdot \Delta p \geqslant \hbar/2$.
Aquesta fórmula la pots entendre de la manera següent: saps més o menys la posició i més o menys la velocitat. *Com més en saps de l'una, menys en saps de l'altra.*
Els electrons que veies borrosos estaven sent fidels a aquest principi. És per això que no estaven clarament definits, perquè no podies veure exactament on eren ni cap a on anaven.
La mateixa teoria de Heisenberg explica per què aquestes partícules no es podien aturar. Si una s'estigués aturada, en el casino quàntic veuries amb claredat la posició exacta i també la velocitat precisa: zero.

D'altra banda, he de felicitar-te per la teva manera d'enfrontar-te al casino. No tothom és capaç de tunelejar una paret tan gruixuda al primer intent!

Un dels avantatges de les partícules subatòmiques és que poden travessar barreres o murs. Per a nosaltres, en el nostre dia a dia, la possibilitat de travessar la paret de casa és petitíssima. De fet, és gairebé impossible. Hauríem de picar-hi durant una eternitat per aconseguir-ho. De fet, havent-hi portes, no és gaire pràctic mirar de tunelejar una paret...

Tornem al principi d'incertesa de Heisenberg. La mateixa llei que regeix la posició i la velocitat també s'aplica a l'energia i al temps (aquesta relació es compleix per a les magnituds que, en física, es consideren complementàries). Gràcies a això es pot crear matèria del no-res... però no durant gaire temps. És el que anomenem fluctuacions quàntiques, a les quals feia referència el comptable de la banca del casino.

Dedueixo que és així com funcionaven allà els crèdits: podies aconseguir una quantitat d'energia a préstec (que es podia convertir en monedes), però per un moment de temps limitat. Com més gran era l'energia que necessitaves, menys temps durava.

Aquesta relació pot semblar estranya, perquè segurament recordaràs que a classe de física secundària ens deien que l'energia no es crea ni es destrueix. Però en el món quàntic aquesta llei no es compleix al peu de la lletra.

És així com es creen les anomenades *partícules virtuals*, o en el teu cas, les monedes virtuals amb les quals has pogut pagar a la Sira després de perdre a la ruleta de la interferència.

Era evident que perdries. Tal com has descrit les posicions que han adoptat les boletes a la ruleta, em temo que has assistit novament a la creació d'un patró d'interferència. Els números negres es trobaven en els anomenats *mínims d'interferència*: era gairebé impossible que hi caigués una boleta, com ja havies vist en l'experiment de la doble ranura.

De manera que estic d'acord amb els elfs que t'envoltaven: cap persona assenyada gosaria apostar per un número negre.

ENTRELLAÇAMENT QUÀNTIC I LLADRES DE GUANT BLANC

Crec que et puc explicar el truc que han fet els bessons EPR amb les monedes. El que has presenciat al casino no té res a veure amb els poders psíquics... La parella EPR ha fet servir l'entrellaçament quàntic, un fenomen que va ser plantejat l'any 1936 per Einstein, Podolsky i Rosen.

Dues partícules entrellaçades són com dos bessons que tenen una connexió molt especial. Hom diu que, encara que dos bessons estiguin separats per milers de quilòmetres, si un d'ells pren mal, el seu germà nota el mateix dolor. Doncs bé, amb les partícules entrellaçades succeeix una cosa semblant. Encara que les separis, quan a una li fem alguna cosa, l'altra la sent *immediatament*. Per molt que les hagis allunyat, segueixen connectades. En això consisteix estar entrellaçat.

En el somni, cada germà bessó disposava d'una moneda entrellaçada. Una era la que veia el públic damunt la taula. L'altra la tenia el bessó que s'amagava rere la porta d'emergència.

Com que estaven entrellaçats, en el moment que el germà amagat observava la seva moneda, determinava el resultat del seu bessó. Quan en una moneda sortia cara, a l'altra sempre hi sortiria creu.

D'aquesta manera, el germà amagat observava la seva moneda i li transmetia el resultat al seu bessó, mentre aquest distreia el públic amb el seu encantador somriure de fatxenda. En aquest moment ja sabia quin seria el resultat de la moneda oculta sota el mocador de seda, només havia de fer una mica de teatre i dir el contrari del que el seu bessó li comunicava pel micròfon.

L'entrellaçament quàntic és un fenomen extraordinari. M'agrada imaginar-lo d'una manera poètica: en el moment del Big Bang, en l'origen de l'univers, totes les partícules van néixer juntes i, per tant, entrellaçades. Tot el que existeix al cosmos s'ha format a partir d'aquelles partícules, i per tant estem entrellaçats amb tot el que ens envolta: els arbres, les persones... fins i tot les estrelles.

Suposo que si fóssim conscients de fins a quin punt estem relacionats entre nosaltres, i fins a quin punt qualsevol cosa que fem als altres o al nostre planeta ens acabarà afectant, actuaríem d'una manera completament diferent.

Carl Sagan va fer servir unes paraules precioses, en un altre context, que encaixen molt bé amb aquest principi d'entrellaçament: «S'està desenvolupant una nova consciència que concep la Terra com un únic organisme que, si entra en guerra amb ell mateix, quedarà condemnat».

DECOHERÈNCIA

El crit que fan els bessons EPR per acomiadar-se fa referència a la pèrdua de les propietats quàntiques quan passem del món microscòpic al macroscòpic.

Segur que més d'un cop et deus haver preguntat el següent: si les partícules atòmiques, els maons de tot allò que veiem, es comporten d'una manera tan estranya i poden estar a dos llocs a la vegada, vives i mortes, ¿com és que no passa el mateix en el nostre dia a dia, amb les coses més grans?

Els estats quàntics són molt delicats. Qualsevol interacció amb l'entorn, amb l'aire o amb la llum ambient, per exemple, pot destruir aquests fenòmens.

Recordes l'experiment del gat de Schrödinger? La raó per la qual un gat pot estar viu i mort malgrat tenir-lo dintre d'una caixa és que qualsevol partícula d'aire, la temperatura dintre de la caixa i fins i tot la seva interacció gravitatòria amb la Lluna (que seria diferent si el gat estigués mort a terra o viu i bellugant-se), s'entrellaçaria amb l'animal i produiria «observacions». D'aquesta manera, l'estat quàntic de superposició quedaria destruït.

Passarà d'estar viu i mort a estar viu o mort.

D'aquesta transició del món microscòpic, en el qual sobreviuen els estats quàntics, al món macroscòpic, on aquestes propietats es perden, se'n diu *decoherència*.

Aquest procés encara no es coneix bé, i és el repte al qual s'enfronta avui en dia la computació quàntica: protegir els estats quàntics de la decoherència.
Espero que les meves explicacions, en comptes de confondre't, hagin donat resposta als dubtes que et plantejava el subconscient en aquest somni. A veure si aquesta nit pots dormir com un nadó.

Sonia

PD. Com que no pots dormir, he pensat venir a casa teva. Què et sembla si et convido a un dels nostres esmorzars amb partícules?

8

Tants caps, tants barrets

> Tothom té dret a dubtar de tot tan sovint com vulgui. És obligat dubtar com a mínim una vegada. Cap punt de vista sobre les coses és tan sagrat que no es pugui reconsiderar. Cap manera de fer les coses és tan òptima que no es pugui millorar.
>
> EDWARD DE BONO

D'aquí a uns minuts arribaran els altres convidats. Mentre col·loquem meticulosament els plats i els coberts sobre la taula, en Francesc em pregunta, una mica espantat:

—Llavors, els que vindran aquesta nit a sopar són, en certa manera, «enemics conceptuals» entre ells. Em sembla que no estic preparat per a una guerra quàntica. Si ja em costa seguir-te quan m'expliques amablement la teoria, no vull pensar com deu ser presenciar una discussió entre físics...

—No t'has d'amoïnar per la «guerra quàntica». Per molt que els vegis discutir, tots ells són vells amics. He posat un parell d'ampolles de cava a la nevera perquè la cosa flueixi amb més naturalitat —confesso entre rialles—, ja veuràs que serà una tertúlia molt interessant. Aquesta vegada, en comptes d'un esmorzar amb partícules, serà un sopar quàntic. Escoltarem diferents punts de vista i interpretacions de la física quàntica.

—Precisament és això, el que em fa por... —diu en Francesc en veu baixa.

—Tranquil, et posaré en antecedents perquè no t'agafin desprevingut. La teoria quàntica topa amb un petit problema quan arriba el moment de mesurar o observar...

—I tant! Per tot el que m'has explicat, he d'acceptar que quan observo una partícula quàntica estic alterant el seu comportament: serà ona o partícula segons l'experiment que decideixi fer. A més, trobo molt pertorbador que els electrons o partícules quàntiques no «existeixin en realitat» en un lloc fins que jo els observo, i que abans siguin una mena de possibilitats, o vés a saber què... electrons en potència? Sonia, dir que això és un petit problema és quedar-se curt!

El meu amic s'escarxofa, abatut, en el sofà. Conec bé la desorientació que sent ara mateix. Comença a endinsar-se en el marasme de la teoria quàntica i les seves paradoxes, capaces de posar a prova els límits de la paciència.

—Suposo que tens raó —reconec—. Tenim una gran trava coneguda com «el problema de la mesura». Per bé que ja ens hi hem enfrontat en parlar de l'experiment de la doble ranura, m'estimo més abordar-lo quan arribin els altres... Hi ha diferents interpretacions de la teoria quàntica. Totes elles expliquen els resultats que obtenim de la mateixa manera.

—Aleshores, això significa que totes són vàlides?

—Arribats a aquest punt ja no parlem de física, sinó de la interpretació dels resultats físics... Alguns ho inclouen en el terme *ciència*, altres ho situen fora d'aquest límit. Però la frontera és tan subtil que és com si caiguéssim en un sorramoll. Totes les interpretacions prediuen els mateixos resultats, però tenen implicacions filosòfiques diametralment oposades. Hauràs de disculpar-nos si ens posem una mica filosòfics quan parlem d'aquests temes. De vegades ens fem unes palles mentals que són massa...

—I quines interpretacions sentiré, aquesta nit?

—Hi serà present en Rhob, que defensa la interpretació de Copenhaguen, la més utilitzada a les universitats, i també la que fins avui jo he fet servir gairebé sempre en les meves explicacions. Aquesta teoria defensa que la «realitat física» de les partícules subatòmiques no «existeix» abans de l'observació, que apareix en el moment que són observades: quan es produeix el col·lapse.

—I en aquest moment, de totes les possibilitats només en sobreviu una... És com si les altres s'esvanissin —dicta en Francesc, com si recités una lliçó de memòria.

—Exacte. En aquesta interpretació no és important el que passa en el món microscòpic, el de les partícules subatòmiques, sinó la interacció amb els aparells del món macroscòpic, que és el que estem acostumats a veure i el que fem servir en el dia a dia. Els aparells grans, com les cadires o els gats, sí que existeixen realment, i és això el que ens ha d'importar. En certa mesura és una interpretació pràctica.

—S'assembla una mica al que deien els positivistes que havíem estudiat.[1]

—Sí, tot i que Bohr, un dels pares d'aquesta interpretació, sí que buscava una resposta a allò que la naturalesa ens vol dir amb tot plegat.

Serveixo una copa de cava a en Francesc per amenitzar la conversa, i continuo:

—Coneixeràs també en Mhob. Ell segueix una formulació lleugerament diferent de la de Copenhaguen de Bohr, l'anomenada «teoria de variables ocultes no locals» de David Bohm. Amb aquesta s'evita l'atzar i es recupera el determinisme. Vindrà també en Ttereve, que plantejarà la hipòtesi dels universos múltiples.

1. Al capítol 6.

—Home, doncs aquest congeniaria amb el nostre amic Marcelo, que és un friqui de la ciència-ficció.

—I l'últim convidat a aquest sopar és en Keruz, que espero que et parli de la decoherència, que intenta comprendre com es produeix la transició i on es troba la frontera entre allò que és microscòpic i allò que és macroscòpic, és a dir, entre el territori quàntic en el qual les partícules es comporten d'aquesta manera tan estranya, i el nostre món on els autobusos només poden anar en una direcció quan es troben en una bifurcació i on les persones no travessem parets.

El timbre de la porta interromp la conversa. Els primers a arribar són en Rhob i en Mhob, amb una ampolla de vi blanc i de vi negre, respectivament. No es posen d'acord ni en la tria del vi.

Després de les abraçades pròpies de la retrobada, i fetes les presentacions, serveixo una mica de cava rosat i un pica-pica d'aperitiu. Arriba el moment d'escalfar l'ambient:

—Just abans que arribéssiu parlàvem amb en Francesc del problema de la mesura.

—Ah... —exclama en Rhob, dirigint-se a en Francesc—. De quina escola ets, tu?

En veure la cara d'espant que posa el meu amic, que sembla que estigui davant d'un tribunal i la ment li hagi quedat en blanc, m'afanyo a rescatar-lo.

—Encara no coneix les diferents interpretacions de la quàntica, per això he pensat que sou les persones ideals per ajudar-lo a decidir-se.

Els dos científics se senten afalagats i dediquen un ampli somriure a en Francesc. Faran el possible per convèncer-lo dels punts de vista respectius. Serà divertit veure com reacciona...

—Per comprendre bé el problema de la mesura —comença en Rhob—, el millor és que coneguis l'experiment de la doble ranura.

—El coneix —interrompo la conversa.

—Sí, però potser m'aniria bé repassar-lo —suplica en Francesc.

Mentre en Rhob i en Mhob resumeixen l'experiment al meu amic, contesto l'intèrfon. Han arribat la resta de convidats, en Ttereve i en Keruz.

Com que estan absorts en l'explicació de l'experiment de la doble ranura, els interrompo mínimament per fer les presentacions i deixo que els que acaben d'arribar s'uneixin a la discussió.

—És precisament això, el que em costa d'entendre —diu en Francesc, a mitja explicació d'en Rhob—. L'electró, abans que l'observem... bé ha d'estar en algun lloc, oi?

—Això és al que tu estàs acostumat —intervé en Keruz—. Quan treus el cap per la finestra i veus un cotxe vermell aparcat davant de casa teva, suposes que abans d'observar-lo ja era vermell. Una cosa tan senzilla en la nostra vida quotidiana és la que porta a l'error en el món quàntic. Pensar que quan mesurem estem captant propietats que ja existeixen amb anterioritat és una equivocació.

—Si fos un cotxe del món quàntic, en l'instant que el mires és quan el color passaria a ser vermell —afegeixo.

—Però aleshores... —pregunta en Francesc— com passa? Com acaba seleccionant-se només una de les possibilitats? Vull dir, posem per cas que em trobés en un laberint del món quàntic acompanyat d'una fada preciosa, hipotèticament, és clar. En una de les bifurcacions del laberint podria entrar en superposició i recórrer dos camins a la vegada... Si em col·lapso només en un d'aquests camins, què passa amb les altres possibilitats? Potser s'esvaneixen les altres coses que estava fent?

—Estrictament, no estaves fent res —contesta en Rhob—, sinó que ho «podies» estar fent.

En Mhob nega amb el cap i remuga en veu baixa, mentre en Keruz s'agita visiblement incòmode a la cadira. En Ttereve somriu complagut.

—La versió més ortodoxa d'aquesta teoria ens diu que, en el món quàntic, tot allò que no està prohibit és obligatori. És a dir, que si en aquesta bifurcació hipotètica, per descomptat, del laberint —somric a en Francesc— pots passar pels dos camins a la vegada, ho faràs sense remei.

—I aquí rau el gran problema. —En Mohb s'alça enèrgicament de la cadira—. Qui és el responsable del col·lapse?

—Sembla evident —diu en Francesc, amb encert—, com demostra l'experiment de la doble ranura, que els electrons no es poden observar a si mateixos, perquè si no hi ha ningú més s'obté un patró d'interferència, senyal que hi ha una superposició. Però això fa sorgir més dubtes. Si el procés de superposició es dóna sempre; si, com diu la Sonia, podem fer tot allò que no està prohibit, aleshores el detector de l'experiment també hauria de mesurar totes les possibilitats i nosaltres també hauríem d'entrar finalment en superposició. Quan es produeix el col·lapse?

Arribats a aquest punt, decideixo servir més vi. Aquest és el moment en què els camins dels nostres convidats se separen.

En Ttereve és el primer a reaccionar.

—Estimat amic, crec que de seguida estaràs d'acord amb la teoria dels universos múltiples, totalment diferent de la que t'han ensenyat amb l'experiment de la doble ranura. Quan un observador com tu contempla la superposició, hi ha una versió de tu mateix que veu com l'electró recorre el camí de l'esquerra, i un altre tu que el veu per la dreta. Un per a cada resultat possible. Però les diferents versions de tu mateix no són conscients de l'existència de les altres. Es generen dos mons amb versions lleugerament diferents de la teva persona. Com que aquestes versions interaccionaran amb altra gent, etcètera, l'univers sencer es va dividint una vegada i una altra.

—No parles seriosament, oi que no? Això sona a ciència-ficció —diu en Francesc, incrèdul—. Aleshores, no és que es col·lapsi una sola possibilitat, com havia dit abans, sinó que cadascuna sobreviu en un univers diferent que genera realitats infinites.

—Ho has explicat molt bé... Però aquesta teoria té un cost molt elevat —intervé en Rhob—. Constantment es produeixen una immensitat de divisions, una per a cada possibilitat quàntica. Aquesta teoria surt molt cara en universos.

—D'altra banda —afegeix en Mhob—, ¿com podem demostrar que totes les opcions estan passant a la vegada i que existeixen múltiples universos... si no hi podem accedir?

—Que potser és millor la solució de Copenhaguen? —protesta en Ttereve, dirigint-se a en Rhob—. Que l'utilitzin a les classes de la universitat no significa que sigui més vàlida que les altres. Segons tu, quan mesures sobreviu una sola opció, i les altres desapareixen. Això, més que ciència-ficció, sembla una història de fantasmes.

En Ttereve ha dit la darrera frase gairebé a crits, visiblement empipat. Però immediatament, després de fer un glop de la copa, recupera la cordialitat.

—A més —diu en Francesc a en Rhob—, si no ho entès malament, amb la vostra interpretació defenseu que aquest procés és completament aleatori, que tot passa a l'atzar. Però, on és la frontera entre el món clàssic, en el que només hi ha una possibilitat, i el món quàntic, en el que totes coexisteixen?

—A efectes pràctics, no ens interessa saber on és aquesta frontera —es defensa en Rhob—. Qualsevol objecte macroscòpic, bé sigui una càmera que enregistra el camí que segueix l'electró o un comptador Geiger, serveix perquè la funció d'ona es col·lapsi. És aleshores que es crea la realitat física.

Aquest és el món on nosaltres ens movem. En tenim prou amb saber això.

En Rhob ens omple a tots la copa abans de prosseguir amb l'explicació:

—La realitat física de l'àtom d'urani m'importa un rave, però les conseqüències de la divisió del seu nucli ens afecten a tots.

En Francesc se m'acosta dissimuladament i em diu a cau d'orella, sense que els altres el sentin:

—Segur que la Quiona no estaria gaire d'acord amb el que diu en Rhob, això que el seu món no és important. El deixaria mut amb un dels seus trucs.

—En Bohr i els seus col·legues també van dotar la interpretació de Copenhaguen d'una forta implicació filosòfica —intervé en Keruz—. Fins i tot Von Newmann o Wigner van arribar a argumentar que el «responsable» final del col·lapse era la trobada amb la consciència.

—Com? —interromp en Francesc—. Em sembla una afirmació massa forta per acceptar-la.

—Ho és —afegeix en Mhob—. Aquí és on entrem en el terreny més pantanós... Però permeteu-me que fugi per la tangent. Aquesta separació de mons, el clàssic i el quàntic, que planteja Copenhagen cada cop és més petita. Avui en dia ja no mesurem únicament electrons aïllats, sinó que es fan experiments amb més de sis-cents àtoms junts, de manera que allò que anomenem microscòpic es fa cada vegada més gran. Si seguim així, on situarem la frontera entre tots dos mons? On acaben les possibilitats i on comencen les realitats?

—Aquí és on entro jo —diu en Keruz amb autoritat, dirigint-se a en Francesc—. Hi ha una manera d'evitar el «col·lapse de la funció d'ona» en una única realitat observada: la decoherència. Aquest procés ens explica la pèrdua de coherència dels objectes quàntics, cosa que succeeix quan interaccionen amb l'entorn.

—No entenc res de res —reconeix el meu amic, que gairebé s'ha ennuegat amb la truita de patata.

—La teoria de la decoherència intenta explicar la manera com un objecte travessa la frontera del món quàntic al clàssic —aclareixo—. Tornem al gat de Schrödinger, te'n recordes?

—Com si l'hagués tingut a casa —respon en Francesc amb ironia—. Ell mateix em va explicar la seva història: viu i mort a la vegada. Condemnat a habitar per sempre en el nebulós món quàntic.

La resta de comensals riuen la gràcia d'en Francesc sense donar-li gaire importància.

—És aquest mateix gat, sí —l'ajudo—. Però hi ha un motiu pel qual no sabem aconseguir que un gat, que sens dubte és un objecte macroscòpic, pugui entrar en superposició. Els estats quàntics són molt fràgils. Qualsevol interacció amb l'entorn, ja siguin les partícules d'aire o la temperatura d'una sala, el destrueixen. En paraules tècniques, com deia en Keruz, es perd coherència quàntica. Per això la teoria que ell t'ha descrit es coneix amb el nom de decoherència.

—Tornant al gat... —afegeix en Keruz—, com podeu imaginar és impossible deixar-lo en un buit i no matar-lo directament. Per extraordinari que sembli, si l'animal és mort i jau al terra de la caixa, la interacció gravitatòria amb la Lluna mateixa serà diferent que si estigués viu i dempeus. D'aquesta manera, la Lluna s'entrellaçaria amb el gat i produiria quelcom semblant a l'«observació».

—Aquest és precisament un dels grans reptes que se'ns planteja durant la construcció dels anhelats ordinadors quàntics —completo l'explicació—. Com aconseguir que els estats coherents, és a dir, amb propietats quàntiques de les partícules que els formen, «sobrevisquin» prou temps per realitzar els algoritmes de computació.

—En resum, que no els separi la decoherència —diu en Francesc.

—Exacte!

—Amb aquesta interpretació ja no ens cal un observador únic —conclou en Keruz—, i a més tenim la *percepció* d'una realitat única.

—Fas bé d'utilitzar la paraula *percepció* —replica en Mhob—. No hi ha cap realitat, abans que es produeixi la decoherència. Però hi ha una altra interpretació amb la qual tot torna a tenir sentit. La visió de Bohm: variables ocultes no locals.

—David Bohm —explico a en Francesc— era deixeble d'Einstein, i tampoc creia que la mecànica quàntica fos incompatible amb l'existència de partícules reals. Va aconseguir una formulació alternativa que en essència és determinista.

—Tornem a l'experiment de la doble ranura —diu en Mhob, reprenent la conversa—. La formulació de Bohm ens ofereix matemàticament els mateixos resultats que la de Copenhaguen, però les seves implicacions són diametralment oposades: per a Bohm, l'electró només passa per una de les ranures, no per les dues a la vegada.

—Però aleshores, com és que obtenim el patró d'interferència i no les dues franges? —pregunta en Francesc.

—Els electrons es comporten d'una manera previsible —prossegueix en Mhob—, però en el món quàntic es veuen afectats per una força especial, una força quàntica que crea l'anomenada *ona pilot*.

—Les ones pilot vindrien a ser com els rails d'un tren que, en el nostre cas, marquen a l'electró el camí que ha de seguir —puntualitzo.

—Segueixo sense entendre quina relació té amb l'experiment de la doble ranura.

—Cadascun dels electrons passa només per una de les ranures, i no ho fa a l'atzar, sinó que depèn de la direcció inicial en la qual disparem, com passa en la física clàssica —argumento—. El que és estrany, en el món clàssic, és que el camí que segueixen el fixen aquestes misterioses ones pilot. La forma i la direcció dels rails que guiaran l'electró es veuen afectades per tot allò que existeix al voltant, és a dir, queden alterades per l'existència de l'altra ranura. Per això podem veure el patró d'interferència, perquè la doble ranura afecta aquesta força que guia l'electró només fins als punts que anomeneu de màxima interferència.

—Encara em costa d'entendre —se li escapa a en Francesc.

—Si obríssim una tercera ranura, la força quàntica modificaria les ones pilot, que farien que el recorregut de l'electró fos diferent.

—Ah! —replica en Ttereve—. Però aquesta ona pilot, responsable de guiar l'electró pel seu recorregut fins a la paret, conserva la informació de tot el que podria haver succeït. Té en compte totes les possibilitats.

—És a dir, que l'electró sap que hi ha una altra ranura gràcies a aquest potencial o aquesta força quàntica —repeteix en Francesc—. Començo a tenir el cap com un bombo.

—L'important —conclou en Keruz— és que la física quàntica ens planta davant dels nassos una veritat desconcertant: la nostra visió del món, quotidiana i raonable, on tot funciona com els engranatges previsibles d'un rellotge gegantí, és incorrecta en allò que és més fonamental.

—Com deia Haldane —afegeixo—, «la visió del món que exigeix la teoria quàntica no solament és més estranya del que pensem, sinó que ho és més del que podem arribar a suposar».

Les nostres divagacions queden interrompudes per en Francesc, que s'ha alçat de la taula i ha tornat amb sis barrets de colors diferents. Ara entenc el que portava a la capsa rodona amb la qual s'ha presentat.

—Les diferents interpretacions de les quals heu parlat aquesta nit ofereixen punts de vista diferents sobre el món. Si ho he entès bé, no n'hi ha cap de més correcta que l'altra, tot depèn del barret que portis posat.

Els barrets per pensar

En Francesc ha pres la paraula i porta la discussió al seu terreny, disposat a amenitzar el sopar. Ensenya els sis barrets a tots els presents i diu:

—Fins ara heu parlat de diferents visions de l'univers quàntic i de les coses que hi succeeixen. Jo us proposo un joc per ampliar les nostres percepcions sobre qualsevol problema que hàgim d'afrontar. Normalment fem servir un únic cap, una perspectiva, per entendre qualsevol situació. Però... què passaria si tinguéssim sis caps diferents per pensar?

En Ttereve intervé amb un entusiasme sobtat:

—Això és possible en els universos múltiples.

—També es poden tenir sis caps en un únic univers —replica en Francesc—, si estem disposats a permetre que les nostres idees canviïn de direcció. El pensament lateral s'ocupa justament d'això. Sabeu de què us parlo?

Els científics callen. No volen ficar-se en aigües pantanoses.

—Potser l'autor que ha tractat millor el tema és Edward de Bono —continua el meu amic—. Es fa servir molt en els processos creatius i, més que una alternativa al pensament lògic o vertical, és un complement per trobar solucions noves. L'objectiu és acceptar tots els camins possibles quan afrontem un problema.

—Però al final només en podràs escollir un —afirma en Mhob—, com l'electró que és observat en l'experiment de la doble ranura.

—Probablement —afirma en Francesc—, però abans és molt útil pensar la situació amb cadascun dels sis caps.

—A veure, explica com es podria fer... —exigeix en Rhob.

—Seguint la proposta de l'autor de *Sis barrets per pensar*, imaginem que el color de cadascun d'aquests barrets determina la nostra forma de pensar. Quan ens en posem un, desenvolupem simbòlicament un dels sis aspectes. Per tractar un problema o una situació determinats, els anirem provant un darrere l'altre, assumint durant uns minuts un rol mental determinat. Som-hi...

En Francesc es posa el barret blanc, l'assenyala amb el dit i explica:

—Aquest barret ens fa mirar els esdeveniments objectivament. «Els fets són els fets.» Aquesta manera de pensar valora les dades d'una manera freda i analítica. Per exemple, si analitzem una crisi econòmica, ens basarem en les fluctuacions de la borsa, la caiguda del PIB, les xifres de l'atur, la prima de risc...

—És a dir, buscarem solucions a partir d'un coneixement exhaustiu de la situació —diu en Mhob—. Això és molt sensat.

—I també pot ser molt infèrtil —afegeix en Ttereve—. Com deia Einstein: «No podem resoldre problemes pensant de la mateixa manera que quan els vam provocar».

En Francesc interromp immediatament la discussió traient-se el barret blanc i canviant-lo per un de gris que li va francament gran.

—Les coses es poden veure encara pitjor —diu—. El barret gris és el de la lògica negativa, és a dir, el de la crítica, el judici i la prudència. Ens incita a veure el que va malament i a preveure el que pot anar pitjor. Davant d'una crisi, ens diu:

anem amb compte amb això, amb allò i amb allò altre. Busca solucions a partir de la previsió d'escenaris negatius.

—Això deixa fora una gran part de solucions —opino jo.

—Bé, sempre podem veure el costat negatiu i després canviar a un altre color, oi Francesc? —intervé en Keruz, conciliador, mentre el meu amic es posa un barret de color verd.

—Aquest color distingeix la manera de pensar més creativa, enfocada exclusivament a les idees noves, tenint en compte totes les possibilitats. Davant d'una crisi econòmica, que és l'exemple que hem posat abans, se centra només en les alternatives per crear riquesa, no en les retallades. I ara em posaré el barret vermell...

Ens quedem mirant el curiós casquet de seda xinesa que adorna el cap d'en Francesc, mentre ell explica:

—El barret vermell fa prevaldre els sentiments, la dimensió emocional del subjecte i del problema, així com les nostres intuïcions sobre un assumpte determinat. Dit d'una altra manera, ens escoltarem per saber què diu la nostra font profunda de saviesa.

—Això servirà de ben poc per solucionar una crisi o un problema de física —opina en Rohb.

—Al contrari —replica en Ttereve—. Els pressentiments han ajudat moltes vegades la ciència... L'any 1865, Kekulé va aconseguir desentranyar l'estructura d'una molècula que cap químic havia arribat a entendre, la del benzè, gràcies a un somni que li va fer comprendre que les parelles d'electrons giraven cíclicament a l'interior de l'anell.

—Ara ens posarem el barret groc —anuncia en Francesc mentre es planta una cosa semblant a una pamela d'aquest color—. És el del pensament optimista que ens orienta cap a allò que és factible i els seus possibles beneficis. D'alguna manera, es complementa amb el gris.

EL SOMNI QUE VA DONAR ORIGEN A LA QUÍMICA ORGÀNICA

Durant la meva estada a Gant, vivia en un dels barris elegants de la via principal. El meu estudi, en canvi, era en un carreró estret on no entrava la claror del dia... Un bon dia estava assegut escrivint a la meva llibreta, però les investigacions no prosperaven, tenia el cap en un altre lloc. Vaig tornar a la cadira que hi havia davant de la llar de foc i em vaig quedar adormit. Una vegada més, els àtoms van començar a saltar davant dels meus ulls. Però aquesta vegada els grups més petits es mantenien discretament al fons. El meu ull mental, entrenat per repetides visions d'aquesta mena, ara podia distingir estructures més grans; unes llargues fileres s'entrellaçaven i es barrejaven amb un moviment similar al de les serps. I aleshores... Què ha estat, això? Una de les serps s'havia mossegat la cua, i la forma va girar, burleta, davant dels meus ulls. Em vaig despertar com si m'hagués enlluernat un llampec... Senyors, si aprenguéssim a somniar, potser trobaríem la veritat... Però hem d'anar amb compte de no publicar els nostres somnis abans de posar-los a prova amb la ment desperta.

FRIEDRICH AUGUST KEKULÉ

Amb un moviment ràpid, es canvia el barret llampant de platja per un d'estil cowboy de color blau, i el presenta de la manera següent:

—El barret blau és molt especial, perquè ens centra en el control i la gestió del pensament. Dit d'una altra manera: més que crear idees noves, s'interessa per comprendre com hem arribat a les que ja tenim.

—Aquest barret el trobo molt útil —salta en Mhob—, perquè sovint el problema o l'error es troben a les ulleres de l'observador.

—Tots sis són útils —concedeix en Francesc— perquè quan anem canviant «de cap» ampliem el nostre ventall de colors a l'hora d'abordar creativament una qüestió. Els sis barrets són un gran antídot contra la rigidesa mental i l'estretor de mires.

—Et dono la raó —li dic, tot badallant—, però si no us importa jo ara em posaré el barret de dormir. Són les quatre de la matinada!

9

L'Oracle de *Star Trek*

> La frase més emocionant que es pot sentir dir en el món de la ciència, la que condueix a nous descobriments, no és «Eureka!», sinó «Això és molt divertit...».
>
> ISAAC ASIMOV

Beatrice Rienhoff va néixer l'any 2003 a Califòrnia, Estats Units, però ja des que era un nadó es va fer evident que tenia un problema greu de salut. Amb el pas dels mesos no guanyava pes, no podia estirar els braços ni les cames. Tot indicava que patia alguna mena de malaltia genètica. Malgrat les innumerables visites a hospitals i metges d'arreu del món, no li van poder fer un diagnòstic.

No disposar de diagnòstic vol dir no tenir opció a un tractament. Però en Hugh, el seu pare, no estava disposat a rendir-se. Després de convertir les golfes de casa seva en un laboratori, es va dedicar en cos i ànima a l'estudi del codi genètic de la seva filla. Va treballar amb més de vint mil parelles de bases d'ADN de la petita fins que va identificar vint punts on l'ADN no es corresponia amb la referència del genoma.

Per bé que encara es troba a la meitat de la investigació, almenys ara la Beatrice ja disposa d'un tractament, i el seu pare té l'esperança de poder guarir la seva filla.

SI ALGÚ HO HA IMAGINAT, ALGUN DIA ES FARÀ REALITAT

Aquesta no és la primera vegada que els somnis, de la mà de la ciència (i en aquest cas, al servei de la força més potent, l'amor), aconsegueixen que iniciem un viatge del qual només podem tornar transformats.

Quantes vegades hem pensat que els nostres somnis són inassolibles i pertanyen al món de la fantasia i no al dels fets reals?

La frontera entre aquests dos mons és molt etèria, però la capacitat de l'ésser humà és il·limitada. No hem de posar fronteres a allò que som capaços de crear perquè la història ens recorda que gairebé totes les coses que la humanitat ha somiat s'han acabat assolint amb el temps.

Segur que per als contemporanis de Jules Verne, quan l'any 1865 va escriure *De la Terra a la Lluna*, la idea de viatjar a l'espai era una bogeria. Però el 21 de juliol de 1969, a les 2.59 hora internacional, el comandant Armstrong esdevenia el primer humà que trepitjava el nostre satèl·lit.

Jules Verne va imaginar un segle abans un viatge al nostre satèl·lit.

Fotografia de Buzz Aldrin feta per Neil Armstrong l'any 1969.

El gènere de la ciència-ficció ha fet seus els avenços científics com a font d'inspiració i aliment per a la fantasia. Però aquesta relació no és unidireccional. La ciència-ficció també ha servit, de vegades, com a inspiració per a alguns desenvolupaments tecnològics que avui en dia ens semblen quotidians.

L'enginyer Martin Cooper era seguidor de la famosa sèrie *Star Trek*. En un episodi, va veure com el capità Kirk es comunicava amb la seva nau, l'*Enterprise*, a través d'un aparell sense fil. Quan va veure aquella escena, Cooper es va aixecar de la butaca i va exclamar: «Jo en vull construir un com aquest».

L'any 1973, des del departament de comunicacions de Motorola, l'home de la fotografia realitzava la primera trucada pública des del dispositiu que acabava de crear: el telèfon mòbil.

És evident que els guionistes de *Star Trek* estaven ben documentats i que tenien visió de futur. Vint-i-cinc anys abans de l'aparició de l'iPad, les tauletes ja s'utilitzaven de manera habitual a l'*Enterprise*.

És sorprenent que, tan sovint, la realitat i la ficció semblin tretes d'un mateix clixé.

AIXÒ DE LA FÍSICA QUÀNTICA ESTÀ MOLT BÉ, PERÒ... PER A QUÈ SERVEIX?

Ara continuem mantenint el cap en el món dels somnis, però posem els peus a terra.

Aterrem...

Quan parlem de propietats poc corrents en la física quàntica, ens embranquem en explicacions abstractes i filosòfiques. És lògic que pensem que aquesta teoria s'allunya del nostre quefer quotidià, que la trobem imprecisa i fins i tot etèria. És aleshores quan ens plantegem: en la pràctica... serveix per a alguna cosa, la física quàntica?

No cal dir que la resposta és un SÍ amb majúscules. Gran part de la nostra tecnologia, i més d'un terç de la nostra economia, es basa en productes desenvolupats gràcies al que coneixem de la teoria quàntica. I quan parlem d'economia i de xifres, com puntualitza Antoine de Saint-Exupéry a *El petit príncep*, no podem ser més pràctics.

No cal endinsar-se en un laboratori o en un centre d'investigació com el CERN, on s'acceleren partícules a velocitats properes a la de la llum i es recreen les condicions de l'origen de l'univers, per topar amb el llegat de la teoria quàntica.

Només hem d'entrar en un centre comercial.

Apropem el peu a les grans portes de vidre i aquestes s'obren davant nostre, com per art de màgia. Aquest fenomen

> **EL QUE NO ÉS QUANTIFICABLE TAMBÉ EXISTEIX**
>
> Als adults els agraden les xifres. Quan els parles d'un nou amic, mai no en pregunten les coses essencials. No se'ls acut preguntar: «Quin to de veu té? Quins jocs li agraden més? Li agrada col·leccionar papallones?». En canvi, pregunten: «Quina edat té? Quants germans té? Quant pesa? Quants diners guanya, el seu pare?».
>
> Tot just amb aquests detalls es pensen que el coneixen. Si als adults els diem: «He vist una casa preciosa de maons de color rosa, amb geranis a les finestres i coloms a la teulada», mai no arribaran a imaginar com és la casa. Cal dir: «He vist una casa que costa cinc-cents mil dòlars». Aleshores exclamen entusiasmats: «Oh, deu ser preciosa!»
>
> ANTOINE DE SAINT-EXUPÉRY,
> *El petit príncep*

fantàstic, al qual ja ens hem acostumat, el devem a l'efecte fotoelèctric.

A les portes hi ha unes cèl·lules fotoelèctriques, compostes per làmines de material semiconductor, que actuen com a sensors. Quan interrompem el feix de llum que arriba a aquests sensors s'activa un mecanisme elèctric que produeix l'apertura de les portes.

Suposem que la primera botiga d'aquest centre comercial és d'electrònica. Hi trobarem una font inesgotable de productes que funcionen gràcies a l'efecte fotoelèctric. Podem veure que els aparells més cars estan protegits amb alarmes que funcionen gràcies a aquest fenomen quàntic, i també ho fan així les alarmes d'incendi que veiem al sostre. La llista es va ampliant quan arribem a les càmeres digitals, els sensors per encendre el llum quan es fa fosc o a la secció de calculadores que es carreguen amb petites plaques solars fotovoltaiques.

Continuem el recorregut per l'hipermercat quàntic... Arribem als reproductors de DVD, els lectors de CD, les impressores làser, els ratolins òptics... sense oblidar el xiulet que emeten les dependentes quan llegeixen els codis de barres.

Tots aquests aparells estan basats en el làser, acrònim de *light amplification by stimulated emission of radiation*, una tecnologia (basada en l'emissió estimulada) que mai no s'hauria desenvolupat si no sabéssim manipular el món quàntic.

L'aplicació del làser va de l'electrònica a la cirurgia, passant per la topografia o la indústria militar.

No ens costarà gaire trobar més tecnologia quàntica a la resta de botigues. Gairebé tot el que ens envolta en aquest centre comercial fa servir un dels invents més importants del segle XX: el transistor.

Sense el transistor no s'hauria desenvolupat la tecnologia moderna, ni el telèfon mòbil, ni el portàtil, ni l'iPad, la ràdio, la televisió... No existiria res de tot això. Hi ha transistors per tot arreu!

Podem imaginar els transistors com una aixeta electrònica. Són els que distribueixen i quantifiquen la quantitat de corrent elèctric en els circuits. Aquest invent va néixer als laboratoris Graham Bell l'any 1947, i va substituir les anomenades *vàlvules de buit*. Aquestes —semblants a unes grans bombetes— eren tan grans com el palmell de la mà, mentre que avui en dia un transistor ocupa una milionèsima de mil·límetre.

Els primers ordinadors, que funcionaven amb vàlvules de buit, ocupaven sales senceres i eren tan cars que només podien tenir un ús militar.

Gràcies als transistors van néixer els xips (circuits amb molts transistors), que van fer possible que aquells ordinadors gegantins es poguessin encabir en un maletí.

Avui en dia, aquests xips estan presents en altres màquines que no són ordinadors, i canvien radicalment tot allò que toquen: es van instal·lar en un telèfon i aquest va passar a ser mòbil, van transformar les càmeres analògiques en digitals, els tocadiscos en reproductors d'MP3, els llibres en llibres electrònics i els diaris en iPads.

No hi ha cap producte industrial que no s'hagi vist transformat per aquesta tecnologia meravellosa. I tot plegat... gràcies a la teoria quàntica!

Però no és només en l'estricte camp de la l'electrònica on veiem els fruits d'aquesta teoria tan estimulant. Les imatges per ressonància magnètica que han revolucionat la medicina també han estat fruit dels avenços quàntics.

Sortim del centre comercial conscients dels fonaments quàntics de la nostra vida actual.

És el moment de tornar a somniar perquè, si el fet de començar a desentranyar els misteris del món quàntic ens ha dut fins aquí, hi ha algú que dubti que el més fascinant encara ha d'arribar?

SEGONA REVOLUCIÓ QUÀNTICA

Avui en dia no solament comprenem com està constituïda la matèria, sinó que som capaços d'assolir gestes gairebé increïbles, com per exemple manipular àtoms individuals o desxifrar codis genètics. Aquest domini de la matèria està canviant el nostre punt de vista del món i de l'ésser humà.

La relació entre la quàntica i la biotecnologia és cada cop més forta. Les implicacions en el camp de la medicina són prometedores, per exemple en l'elaboració de radioteràpies precises gràcies a punts quàntics (que *marcarien* la cèl·lula cancerígena, i evitarien la destrucció de les cèl·lules sanes).

Vegem algunes pinzellades dels avenços que ens esperen en aquesta segona revolució quàntica.

Ordinadors quàntics

La potència dels ordinadors depèn del nombre de xips es poden integrar en el seu circuit. La llei de Moore, enunciada pel cofundador d'Intel, Gordon Moore, l'any 1965, prediu que la potència dels ordinadors es duplica cada divuit mesos, aproximadament.

El creixement és exponencial, cosa que sovint costa d'imaginar, perquè les nostres ments estan acostumades a realitzar càlculs lineals. Per il·lustrar-ho només cal que siguem conscients que el telèfon mòbil que portem a la butxaca és més potent que tots els ordinadors utilitzats per la NASA quan van enviar el primer ésser humà a la Lluna.

No obstant això, aquest creixement de la llei de Moore té un límit: l'instant en què els transistors arribin a ser tan petits com un àtom. En aquest moment, les lleis més estranyes de la mecànica quàntica entraran en joc. Els electrons començaran a «tunelejar» fora dels cables i causaran curtcircuits constants, per exemple.

És aleshores quan entraran en joc els ordinadors quàntics.

Els ordinadors convencionals treballen amb els anomenats *bits d'informació*, «0» o «1» com a unitat bàsica d'informació; mentre que els ordinadors quàntics treballen en el món atòmic amb l'equivalent quàntic, els *qbits* o *bits quàntics*, que poden estar en estats de superposició de «0» i «1».

Gràcies a la capacitat dels qbits d'operar en diferents estats a la vegada, podem realitzar operacions simultànies superposades, com si el nostre ordinador computés en diferents universos alhora, cosa que permet arribar amb molta més rapidesa al resultat final.

Una de les operacions que es *resoldria* immediatament amb un ordinador quàntic és la factorització.

Cada vegada que fem una compra per internet, per exemple, i fem servir la targeta de crèdit, la informació de la targeta es codifica perquè ningú pugui emparar-se de les nostres dades. La factorització és la base per a aquesta codificació. Factoritzar un número petit és relativament senzill: el 12 és producte del 3 i el 4. Ara bé, amb els números grans el problema canvia de manera substancial. Si demanem a un ordinador que ens factoritzi un número de cent dígits, pot trigar un segle a fer el càlcul.

Com podeu imaginar, el poder de descodificar informació seria molt atractiu per al servei d'intel·ligència de qualsevol país, i els ordinadors quàntics estan a prop de ser una realitat. Ja no són una quimera de la ciència-ficció.

Actualment hi ha diversos centres d'investigació que ja realitzen càlculs amb ordinadors quàntics; com el MIT, on treballa Set Lloyd, o l'Institut Max Planck d'Òptica Quàntica, dirigit per l'espanyol Ignacio Cirac.

Malgrat tot, les operacions que s'han aconseguit dur a terme amb aquests ordinadors quàntics encara són bàsiques, per bé que és un camp d'investigació que avança més ràpidament del que s'esperava.

A la Universitat de Waterloo, per exemple, han arribat a manipular dotze qbits, l'equivalent a uns mil bits clàssics o a un ordinador dels anys cinquanta. Aquesta xifra pot semblar desmoralitzant, però només caldrà arribar a manipular entre seixanta o setanta qbits per tenir un ordinador quàntic amb més capacitat de computació que tots els ordinadors del món junts.

Avui en dia, els ordinadors quàntics ocupen, com els seus antecessors, habitacions senceres. El gran repte al qual s'enfronta la tecnologia quàntica és la decoherència, de la qual hem parlat abans: poder preservar els estats quàntics, sempre fràgils, per operar-hi sense que els destrueixi el simple contacte amb l'entorn.

Aquestes noves aplicacions tecnològiques poden suscitar alguns temors. Què passarà aleshores amb la nostra informació confidencial? Quedarà a l'abast dels qui disposin d'un ordinador quàntic?

Com diu el refrany: «Feta la llei, feta la trampa». Gràcies a la física quàntica s'ha creat també un nou sistema d'encriptació que, a diferència del convencional, basat en la factorització, és totalment segur.

Criptografia quàntica

La física quàntica ens permet codificar informació d'una manera segura, fent servir les seves curioses propietats. Hi ha diferents protocols d'encriptació quàntica, però ens centrarem en els dos originals: el BB84 i l'Ekert91.

El protocol BB84 (anomenat així pels seus creadors, Bennett i Bassard) fa servir amb audàcia el principi de superposició i col·lapse de funció d'ona, és a dir, l'estrany fenomen segons el qual la matèria es modifica quan algú l'observa.

Imagineu que l'Alícia vol compartir un missatge secret amb en Bob. Per evitar que l'Eva, una amiga envejosa, s'assabenti del contingut del missatge, decideix enviar-li una clau a en Bob (un codi que els servirà com a alfabet) per poder-s'hi comunicar lliurement i sense que ningú els entengui.

Si l'Alícia fes servir un canal de comunicació convencional, com un colom missatger, senyals de ràdio, etcètera, hi hauria el perill que l'Eva interceptés la clau. A partir d'aquí, l'Eva interpretaria sense dificultat els missatges que l'Alícia compartís amb en Bob.

Tot canvia si l'Alícia fa servir les propietats del món quàntic. Ella codificarà la informació en una partícula quàntica. D'aquesta manera, en cas que l'Eva intercepti el missatge, pel simple fet d'observar-lo (o mesurar-lo) estarà modificant l'estat de la partícula i, per tant, destruint la clau original.

Quan la clau interceptada per l'Eva arribi a mans d'en Bob, ell s'adonarà que algú ha observat la clau. L'Eva s'haurà descobert.

L'únic que hauran de fer l'Alice i en Bob serà descartar aquesta clau i seguir intentant-ho fins a cerciorar-se que l'Eva no ha interceptat una de les claus. Quan ho aconsegueixin, ja tindran una clau segura i podran comunicar-se lliurement, perquè només ells dos tindran l'alfabet que interpreta els seus símbols.

El protocol Ekert91 utilitza un altre fenomen de la física quàntica: l'entrellaçament.

Aquesta vegada, per evitar que l'Eva intercepti la clau, l'Alícia farà servir la parella EPR per reproduir el procés de teleportació.

En teleportar la clau secreta a en Bob, ningú podrà interceptar-la, perquè no s'envia a través de cap canal, sinó que la informació «apareixerà» directament en mans del receptor.

En les pròximes línies descriurem amb més detall com funciona la teleportació quàntica mitjançant l'entrellaçament.

Encara que l'encriptació quàntica ens sembli pròpia de la ciència-ficció, actualment ja hi ha empreses que es dediquen a comercialitzar aquests serveis, com per exemple Id Quantique, creada a la Universitat de Ginebra. A les eleccions suïsses del 2007 ja es va utilitzar el model quàntic d'encriptació per garantir la seguretat del vot.

Teleportació quàntica

Desaparèixer en un lloc per aparèixer en un altre, sense passar per cap altre lloc entremig, és un concepte que ja està instal·lat en l'imaginari col·lectiu, en gran mesura gràcies a la ciència-ficció. Quantes vegades hem somniat la possibilitat de poder prescindir de cotxes, avions i qualsevol altre mitjà de transport! A molts ens ve a la memòria la mítica frase de *Star Trek*: «*Beam me up, Scotty*».

Per bé que de moment teleportar éssers humans encara continuarà sent patrimoni del món dels somnis, la teleportació quàntica per a partícules subatòmiques ja és una realitat.

L'any 1993, un grup d'investigadors van presentar les bases teòriques per fer realitat aquest somni mitjançant les propietats del món quàntic. Quatre anys més tard, el grup del reconegut físic austríac Anton Zellinger feia la primera teleportació amb fotons (partícules de llum).

Hi ha algunes diferències notables entre la teleportació quàntica i la que veiem a *Star Trek*, en la qual unes màquines psicodèliques escanegen el subjecte que es vol teleportar amb l'objectiu de reconstruir-lo en el lloc on es vol anar a parar.

Aquí és on la mecànica quàntica ens posa el primer fre. El principi d'incertesa de Heisenberg ens adverteix que no podem conèixer amb exactitud la posició ni la velocitat. Això ens impedeix escanejar a la perfecció una cosa o ésser viu per poder-lo reproduir més endavant.

La teleportació quàntica eludeix aquesta dificultat mitjançant l'entrellaçament.

Imaginem que l'Alícia es troba a la Terra i té un objecte que vol teleportar (en la pràctica hauria de reduir-se a un grapat d'àtoms, però per a aquest exemple farem servir el terme *objecte*) fins a l'estació espacial d'Alfa Centauri, on es troba el seu amic Bob.

L'Alícia barrejarà l'objecte amb un còctel de partícules que està entrellaçat amb un altre còctel de partícules situat a l'estació espacial d'en Bob. En un moment donat, aquest darrer grup de partícules s'haurà convertit en l'objecte inicial. Teleportació assolida.[1]

En aquest procés hi ha diversos detalls que cal puntualitzar. El primer és que només teleportem la informació (o estat quàntic), no pas la matèria. Necessitem que en Bob ja tingui el seu còctel de partícules de la mateixa massa que l'objecte que hem de teleportar.

Tampoc es tracta d'un fotocopiador quàntic. No es produeix cap còpia de l'objecte que hem de teleportar perquè l'original queda destruït quan fem l'operació. En mecànica quàntica hi ha un teorema que incideix precisament en això: el de la *noclonació*, que ens prohibeix fer una còpia exacta d'un objecte.

La teleportació amb humans encara és ciència-ficció, però en canvi, el seu ús per encriptar informació és l'aplicació més immediata.

Les tres lleis d'Arthur C. Clarke

El gènere de la ciència-ficció (sigui en forma de pel·lícules, telefilms o novel·les) és molt més que una evasió per a ments cansades de la realitat quotidiana. Es tracta d'un camp de proves per alliberar la imaginació i formular-nos preguntes inesperades que la majoria de persones només ens plantegem durant la infantesa.

A mesura que anem creixent, deixem de qüestionar tot el que ens envolta, i mentrestant els nens petits llancen preguntes que als adults els semblen absurdes, però que són fonamentals per explicar la nostra realitat, com per exemple: «Per què l'aigua mulla?» o bé «Per què la Terra és rodona?».

1. Per veure amb més detall el protocol, consulteu l'apèndix corresponent al capítol.

En el proper apartat parlarem d'un home que mai va perdre la curiositat infantil envers tot allò que ens envolta, molt especialment allò que té relació amb la ciència i amb el futur de la humanitat.

El nen que va dibuixar el mapa de la Lluna

Nascut en un poble de la costa anglesa al final de la Primera Guerra Mundial, Arthur C. Clarke no va ser únicament l'autor del llibre que va inspirar la pel·lícula *2001: una odissea de l'espai*. Amb les seves novel·les de ciència-ficció i les seves obres divulgatives va estimular molts joves que van acabar convertint-se en astronautes o en científics. Va empènyer milions de persones a fer-se preguntes sobre els enigmes de l'ésser humà i l'univers.

A l'alçada d'icones com Isaac Asimov, se'l considera un dels mestres del gènere durant el segle XX.

La passió per la ciència-ficció li va començar de petit, quan es fa aficionar a revistes com *Astounding Stories of Super-Science*, que es publicava als Estats Units des de la dècada de 1930. Quan encara era un nen, l'Arthur va arribar a dibuixar un mapa de la Lluna amb l'única ajuda d'un telescopi casolà.

Després d'estudiar Matemàtiques i Física al King's College de Londres, el seu pis de joventut va arribar a ser la seu de la British Interplanetary Society.

L'any 1945 va publicar un article essencial per al desenvolupament dels satèl·lits artificials: «El futur de les comunicacions mundials: les estacions de coets poden proporcionar una cobertura de ràdio mundial?». De fet, l'òrbita geostacionària va rebre el nom d'*Òrbita Clarke* en honor seu, i se'l considera l'inventor del primer satèl·lit de comunicacions.

Les seves visions es van traduir a la realitat el 1957. Aquell any va viatjar a Barcelona per a un congrés internacional d'astronàutica que va coincidir amb el llançament de l'*Sputnik I*. Aleshores ja vivia entregat a la divulgació científica, cosa que a la dècada de 1960 el va portar a ser el comentarista de la CBS durant les missions de l'*Apolo*.

Però el punt culminant de la seva fama va arribar l'any 1968, quan va publicar la novel·la homònima de la pel·lícula de Stanley Kubrick, *2001: una odissea de l'espai*, en la qual va participar també com a guionista.

L'any 1981, l'asteroide 4923 va ser batejat amb el seu nom, per bé que ell lamentava que no l'haguessin escollit per a l'asteroide 2001, el qual, en paraules seves ja tenia el nom «assignat a un tal A. Einstein».

Arthur C. Clarke ens va deixar també com a llegat tres lleis que han esdevingut molt populars entre els adeptes a la ciència divulgativa.

Tres màximes sobre el que és impossible

1. **Quan un científic distingit i ancià afirma que alguna cosa és possible, probablement l'encerta. Quan afirma que alguna cosa és impossible, probablement està equivocat.**

A aquesta llei Clarke mateix afegia la necessitat de definir la paraula *ancià*. Puntualitzava que, en els camps de la física, les matemàtiques i l'astronàutica, significa tenir més de trenta anys, mentre que en altres disciplines la vellesa arriba molt més tard. Amb algunes excepcions glorioses, és clar.

Aquesta primera llei ens recorda la necessitat de replantejar-nos el terme *impossible*. Sovint es tracta d'una barrera mental que ens impedeix veure més enllà dels nostres prejudicis. La història moderna està plena de proves que posen en dubte allò que en cada moment es considerava «impossible»:

- Lord Kelvin, físic i matemàtic, president de la Royal Society, va afirmar l'any 1895 que «màquines voladores més pesades que l'aire eren impossibles».
- Quan algú va proposar a David Sarnoff's Associates, cap a l'any 1920, que invertissin en la nova indústria de la ràdio, van contestar literalment que «una caixa de música sense cables no té cap valor comercial, perquè, qui pagaria per un missatge que no va dedicat a ningú en particular?».
- «Posar un home en un coet, projectar-lo de manera controlada fins al camp gravitacional de la Lluna, des d'on els seus tripulants puguin fer observacions científiques, i fins i tot aterrar vius en el nostre satèl·lit i després tornar a la Terra... tot això forma part d'un somni descabellat propi de Jules Verne. Sóc prou audaç per dir que aquesta mena de viatges mai no serà possible per a l'ésser humà, malgrat tots els avenços del futur.»

  Aquestes paraules les pronunciava Lee de Forest, pioner de la ràdio nord-americana, l'any 1926. Pocs anys més tard, el 1936, *The New York Times* publicava aquesta sentència: «Un coet mai podrà sortir de l'atmosfera terrestre».
- Arthur C. Clarke va mencionar al *Reader's Digest* de febrer del 2001 un altre error colossal dels pronosticadors dels temps moderns: «Ningú no pot predir el futur. L'únic que podem fer és perfilar futurs possibles (...), perquè qualsevol predicció és susceptible de resultar absurda pocs anys més tard. L'exemple clàssic és la declaració que va fer el president d'IBM a la dècada de 1940. Va dir que el mercat dels ordinadors només donava per vendre cinc unitats a tot el món, i ara mateix jo en tinc més de cinc al meu despatx».

2. **L'única manera de descobrir els límits del que és possible es aventurar-se una mica més enllà, envers el que és impossible.**

Un exemple de la veracitat d'aquest segon principi és la gesta assolida el 14 d'octubre de 2012 per Felix Baumgartner. Aquest austríac va començar a saltar en paracaigudes als setze anys i aviat va començar a aficionar-se a les aventures extremes. Després d'allistar-se a les forces especials de l'exèrcit del seu país, l'any 1999 va batre el rècord del salt més alt fet per un ésser humà en llançar-se des del capdamunt de les Torres Petronas, a la capital de Malàisia.

Després de trencar molts altres límits, Baumgartner va idear un projecte que semblava completament impossible: trencar la barrera del so en caiguda lliure i sense cap recolzament mecànic. Per aconseguir-ho calia batre un rècord que semblava inamovible des de feia cinquanta-dos anys, quan el nord-americà Kittinger es va llançar des de 31.333 metres. Pel que fa al vehicle que havia fet servir per ascendir, el globus tripulat havia arribat a una altitud de 34.668 metres, però el pilot mai no hauria gosat saltar des d'aquella alçada.

Per assolir la proesa, Baumgartner va haver de batre tots dos rècords. Va pujar amb un globus d'heli (amb un gruix de només 0,02 mil·límetres) fins als 39.045 metres. A aquesta alçada, després de sortir fora de l'atmosfera, se li va glaçar el visor, cosa que el va fer dubtar de saltar. Finalment es va llançar des de la negror còsmica cap a la Terra, i va caure a una velocitat màxima de 1.342 quilòmetres per hora, per la qual cosa els girs del propi cos es van tornar incontrolables. Després d'estar a punt de desmaiar-se, va aconseguir obrir el paracaigudes. 4 minuts i 36 segons després d'aquest salt impossible, tornava a trepitjar la terra.

Un cop recuperat, a la seva pàgina web hi va penjar el lema: «Tothom té límits, però no tothom els accepta».

3. Qualsevol tecnologia prou avançada és indistingible de la màgia.

Què hauria pensat un home prehistòric si, gràcies a una drecera en el temps, hagués trobat un telèfon mòbil amb el qual pogués comunicar-se amb una altra persona situada a milers de quilometres de distància? Desconeixedor d'aquesta mena de tecnologia, hauria pensat que estava assistint a un truc de màgia.

Una situació semblant és l'argument de la pel·lícula còmica *Els déus deuen estar bojos*, en la qual un bosquimà que mai ha tingut contacte amb la civilització occidental veu com cau del cel una ampolla de Coca-Cola que ha llançat el pilot d'una avioneta. Com que no ha vist mai un objecte similar, entén que és un «regal dels déus», cosa que acaba generant infinitat de conflictes en el poblet on habita.

Sobre la coneguda frase de Clarke, un personatge del còmic *Girl Genius*, Agatha Heterodyne, exclama:

> Tota màgia prou ben analitzada és indistingible de la ciència.

Val la pena que ens aturem en aquesta reformulació de l'aforisme, perquè ens recorda que molts fenòmens que han estat atribuïts a la màgia, si els estudiem amb profunditat, tenen una explicació científica.

Il·lusions de la ciència-ficció

El gènere que va popularitzar Clarke ens convida a travessar els límits del que és possible. No obstant això, pel bé de l'entreteniment, sovint aquestes novel·les i pel·lícules prioritzen l'especulació i l'espectacularitat visual, i deixen de banda el rigor científic. Algunes obres clàssiques de la ciència-ficció violen les lleis de la física, com veurem a continuació.

El costat positiu d'aquests «errors científics» és que ens permeten corregir-los i aprendre física de manera divertida, i, a més, desenvolupem l'esperit crític alhora.

Vegem alguns dels errors científics més comuns en aquest gènere que va fer furor a la segona meitat del segle XX.

- *Guerres intergalàctiques.* A *Star Wars* i a moltes altres pel·lícules sentim explosions a les batalles que tenen lloc a l'espai, i veiem grans flamarades quan les naus es desintegren.

PRIMER ERROR: el so necessita un mitjà o una partícula de matèria per propagar-se. Per això l'espai, com que és buit, és totalment silenciós. Poques pel·lícules han estat fidels a aquesta llei, però podem destacar la influència d'Arthur C. Clarke sobre Kubrick en el rodatge de *2001: una odissea de l'espai*. L'únic que se sent en les escenes que tenen lloc a l'espai és la respiració de l'astronauta dins del seu vestit, i la música clàssica que acompanya les imatges.

SEGON ERROR: les explosions a l'espai no poden produir flames, perquè, com que no hi ha oxigen, no es pot generar la combustió.

- *Homes minvants i insectes gegants.* Els que tingueu aracnofòbia i malsons farcits d'aranyes gegantines, com li passava a en Ron, l'infatigable amic de Harry Potter, podeu descansar tranquils. La llei quadràtica-cúbica de Galileu impedeix que aquestes monstruositats puguin arribar a voltar alegrement.

El mateix Isaac Asimov va reconèixer els errors que va cometre a *Fantastic Voyage* (traduït al castellà, *Viaje alucinante*), on un submarí i la seva tripulació es redueixen disset milions de vegades, fins a adoptar la mida d'un bacteri, i després són inoculats en el torrent sanguini d'un pacient. A aquesta escala

LA FRUITA I LA LLEI QUADRÀTICA-CÚBICA

Si dupliquéssim la mida d'una pera, el seu pes augmentaria vuit vegades. Per tant, la resistència del peduncle (la cueta que sosté la pera penjada de l'arbre) augmentaria quatre vegades en doblar-se la mida del fruit. És per això que les peres creixen en els arbres i les síndries ho fan a terra.

microscòpica, per exemple, les molècules d'aire serien com pilotes de bàsquet per als diminuts tripulants del submarí. Com podrien respirar-les?

En el cas de la nostra aranya, les potes serien incapaces de suportar el pes del cos, si més no a la Terra, perquè la força gravitatòria del nostre planeta les xafaria.

• *Forces gravitatòries dels planetes.* La gravetat en els diferents mons és una altra qüestió que no sempre es té present en la ciència-ficció. De la mateixa manera que la Lluna té una gravetat aproximadament sis cops menor que la de la Terra, cosa que fa que els astronautes de *Tintín* facin uns bots formidables, els humans haurien de moure's amb més dificultat pels planetes que tenen una massa superior a la del nostre.

Aquest detall es respecta als dibuixos animats de *Bola de drac*, on Son Goku s'entrena en unes instal·lacions que alteren el camp gravitatori per poder lluitar amb agilitat quan viatja a planetes extraterrestres.

• *Hi ha acadèmies d'idiomes, a Mart?* No deixa de ser curiós que els extraterrestres, encara que vinguin dels confins de l'univers, acostumin a parlar un anglès perfecte. És clar que això no contradiu pas les lleis de la física.

A la hilarant novel·la *Guia galàctica per a autoestopistes*, de Douglas Adams, aquesta dificultat se soluciona quan el protagonista es veu obligat a col·locar-se l'anomenat *Babel fish* ('Peix de Babel') a l'oïda, per comprendre els altres idiomes de la galàxia.

10

Elemental, estimat Quark

Déu digué: «Que hi hagi llum» i hi va haver llum.

GÈNESI

Fa un dia gris i bromós, i l'avió de Swiss International sobrevola els Alps en el trajecte que va de Barcelona a Ginebra.

Aviso en Francesc, que seu al meu costat, perquè pugui gaudir de la vista extraordinària de les muntanyes.

—És preciós, veritat? —li dic, assenyalant per la finestreta el cim del Mont Blanc.

De sobte ens distreu l'aparició d'un altre avió que passa relativament a prop del nostre i que deixa un rastre blanc i allargassat en l'atmosfera.

—De petit m'entretenia observant les llargues cues de fum que deixen els avions al cel —m'explica en Francesc.

—Aquestes cues, com tu les anomenes, no estan fetes de fum —li explico—. L'aigua de l'atmosfera es *subrefreda*, es troba en allò que anomenem un *equilibri inestable*. L'avió, en travessar-la, n'altera l'equilibri, el vapor es condensa i es produeixen aquests deixants blancs.

Les hostesses de vol ens interrompen per servir-nos l'esmorzar. Un te i un sandvitx petit. Hem matinat tant que el petit piscolabis s'agraeix. Amb noves forces, prossegueixo l'explicació:

—Els primers detectors de partícules van funcionar de manera similar a aquests deixants d'avió que acabem de veure. Es deien càmeres de boira. Van néixer, en gran part, gràcies a una casualitat. Un físic escocès, Charles Thomson Rees Wilson, estudiava la formació dels núvols al mont Ben Nevis, el punt més alt del Regne Unit. Abstret en les seves investigacions sobre els núvols, va desenvolupar un dispositiu per recrear les condicions atmosfèriques del pic de la muntanya en el seu laboratori de Cavendish. Va crear una càmera de núvols artificials.

—O sigui, que estava fart d'excursions i de pujar muntanyes. I va funcionar, l'invent?

—I tant! Va funcionar fantàsticament bé, i a més va tenir un resultat inesperat i feliç. Quan Wilson va bombardejar la càmera amb una partícula alfa[1] per manipular els núvols, aquesta va traçar un rastre de bombolles idèntic als deixants de condensació dels avions. Les partícules que utilitzava Wilson, a diferència dels avions, són tan petites que no es poden veure a simple vista, però gràcies al rastre de les bombolles va poder deduir exactament per on passaven i, a més, corroborar l'existència d'aquestes partícules. Juntament amb Compton, va rebre el premi Nobel setze anys després d'haver presentat la primera càmera de boira, l'any 1911.

—I el que veurem al laboratori gegant on anem és una versió avançada del que Wilson va desenvolupar, oi?

—Una mica diferent, però amb el mateix objectiu: comprendre què és el que forma tot allò que ens envolta al cosmos i què és el que ho manté unit.

Falten pocs minuts per arribar a l'aeroport de Ginebra. Seguim les indicacions de les hostesses i ens preparem per a l'aterratge.

1. Les partícules alfa són un nucli de l'àtom d'heli.

Deu minuts més tard, a la terminal de sortides, retrobo un vell conegut: un rètol que ja em va cridar l'atenció en la meva època de *technical student* en aquest centre d'investigació gegantí:

CERN: EL LLOC ON VA NÉIXER LA WORLD WIDE WEB

Comença a plovisquejar quan agafem el taxi cap a l'accés, que es troba a uns vuit quilòmetres de l'aeroport.

Després de pagar l'equivalent a cinquanta euros en francs suïssos al taxista, a la garita de control ens lliuren l'acreditació. Ara ens podrem moure lliurement per aquesta ciutat consagrada a l'experiment més gran realitzat mai per la humanitat: reproduir el naixement del nostre univers.

QUATRE FOTOGRAMES DEL BIG BANG

Els tres primers minuts de l'univers, el poètic assaig divulgatiu del Nobel de Física Steven Weinberg, plasma en cinc «fotogrames» l'espectacle grandiós que van suposar aquests tres primers minuts.

PRIMER FOTOGRAMA. Una centèsima de segon després del Big Bang, la temperatura es va refredar fins a assolir uns 100.000 milions de graus Kelvin. L'univers aleshores era una «sopa» de matèria i radiació amb una densitat massa-energia 3.800 milions de vegades més gran que la de l'aigua a la Terra.

SEGON FOTOGRAMA. 0,11 segons després del primer fotograma, la temperatura ha baixat a «només» 30.000 milions de graus Kelvin.

TERCER FOTOGRAMA. Ens trobem en el segon 1,09 i la temperatura és de 10.000 milions de graus Kelvin. Els neutrins i els antineutrins es desacoblen progressivament de la radiació. Ara la densitat de l'energia només és 380.000 vegades més gran que l'aigua.

QUART FOTOGRAMA. 13,82 segons després de l'explosió, la temperatura ja ha baixat a 3.000 milions de graus Kelvin. L'univers és prou fred perquè es comencin a formar nuclis estables com el de l'heli comú.

CINQUÈ FOTOGRAMA. Han passat tres minuts i dos segons en total. Ara la temperatura és de 1.000 milions de graus (70 vegades la del nostre Sol).

L'univers continuarà l'expansió i el refredament durant els 700.000 anys següents, durant els quals es crearan galàxies i estrelles.

10.000 milions d'anys més tard, els éssers humans recrearan els primers minuts de l'univers.

EL ZOOLÒGIC MÉS PETIT DEL MÓN

La cafeteria del CERN s'assembla molt als autoserveis de les universitats. Després d'escollir dos sandvitxos vegetals i un parell de refrescos, en Francesc i jo ens dirigim a la cua que s'ha format davant de la caixa.

—Aleshores, va ser amb les càmeres de boira quan es van descobrir els quarks de què em vas parlar en la nostra darrera excursió? —pregunta el meu amic.

—No, home! T'avances uns quants capítols... Allò només va ser l'inici d'un llarg viatge. Gràcies als primers detectors es van trobar partícules noves que provenien dels raigs còsmics, però no va ser fins a l'any 1940, quan es van crear els primers acceleradors de partícules, que la cosa es va posar interessant. Van començar a sorgir més i més partícules diferents: electrons, protons, neutrons, muons, kaons, pions, lambdes, khis, omegues...

—Recitaràs tot l'abecedari grec... Quin zoològic!

Després de pagar a la caixera, ens dirigim a una taula rodona de la cafeteria. Allà continuo l'explicació:

—Tens raó. Durant un temps va haver-hi una mica de caos en el camp de la física de partícules. A mitjan anys seixanta ja es coneixien gairebé dues-centes partícules diferents. Com bé has dit, la cosa s'assemblava massa a un zoològic quàntic desordenat. Recordo una anècdota del físic Enrico Fermi... Quan un alumne li va preguntar pel nom d'una d'aquestes partícules en concret, va respondre més o menys això: «Jove, si fos capaç de recordar el nom de totes aquestes partícules, m'hauria fet botànic».

—No m'estranya —diu en Francesc—. Aquest panorama s'allunya una mica de la idea original de Demòcrit: trobar l'«àtom», entès com l'última partícula divisible... Però em pensava que ja havíem aclarit que l'última matrioixca eren els famosos quarks de Gell-Mann.

—Estàs avançant els esdeveniments, però vas en la bona direcció. Va ser precisament en aquest zoològic tan caòtic on Gell-Mann va posar una mica d'ordre, introduint-hi els quarks que t'agraden tant. Entre els centenars de partícules, moltes estaven compostes per peces més petites que es van batejar amb el nom de quarks, cosa que va simplificar el trencaclosques.

—Em va encantar l'anècdota que vaig llegir a *Quantic Love*, sobre per què Murray Gell-Mann els va anomenar quarks. Va trobar la parauleta en una novel·la incomprensible de James Joyce titulada *Finnegans Wake*. El passatge deia una cosa semblant a aquesta: «*Three quarks for Muster Mark! Sure he has not got much of a bark. And sure any he has it's all beside the mark*».[2]

2. «Tres quarks per Muster Mark! No té gaire caràcter, i el poc que té no el fa servir!» (Nota: *Finnegans Wake* es considera una de les noveles més críptiques i incomprensibles de la història de la literatura.)

—Molt bé, Francesc! —dic, i li dono uns copets a l'espatlla—. Amb els seus quarks, Murray va aconseguir classificar totes aquestes partícules i fins i tot predir-ne algunes que encara no s'havien trobat. Al començament només hi havia tres quarks, com diu la cita, però l'any 74 se'n va afegir un quart.

—Aleshores, Gell-Mann tampoc havia aconseguit l'objectiu de simplificar-ho tot en una sola partícula...

—De cap manera. Al capdavall tot plegat va desembocar en el que avui en dia es coneix com el Model Estàndard, que pretén explicar la matèria i les forces que existeixen a la naturalesa. Menys la força de la gravetat, que no es pot explicar seguint aquest model,[3] explica la resta de les forces: l'electromagnètica, la nuclear forta i la nuclear feble. La matèria està formada per quarks i leptons (partícules com l'electró), mentre que les partícules portadores de les forces són els anomenats *bosons*.

Trec l'ordinador portàtil i ensenyo un gràfic a en Francesc.

—Aquí hi ha tota la família de partícules. Sis tipus de quarks, sis leptons diferents i fins a cinc bosons, inclòs en aquest darrer grup el famosíssim bosó de Higgs.

En Francesc acosta el cap a una columna on hi ha tres neutrins disfressats de fantasmes i exclama, sorprès:

—Els maleïts neutrins! Aquests són els que van embolicar la troca no fa gaire, oi? Recordo que, durant uns mesos, la premsa va especular que podien haver superat la velocitat de la llum.

—Sí, els neutrins ens han fet anar de bòlit, als físics, des que l'any 1930 Pauli en va predir l'existència. I això que els

3. Encara no s'ha trobat una teoria unificada de les forces que operen a l'univers, tasca a la qual Einstein va dedicar, sense èxit, els darrers anys de la seva vida.

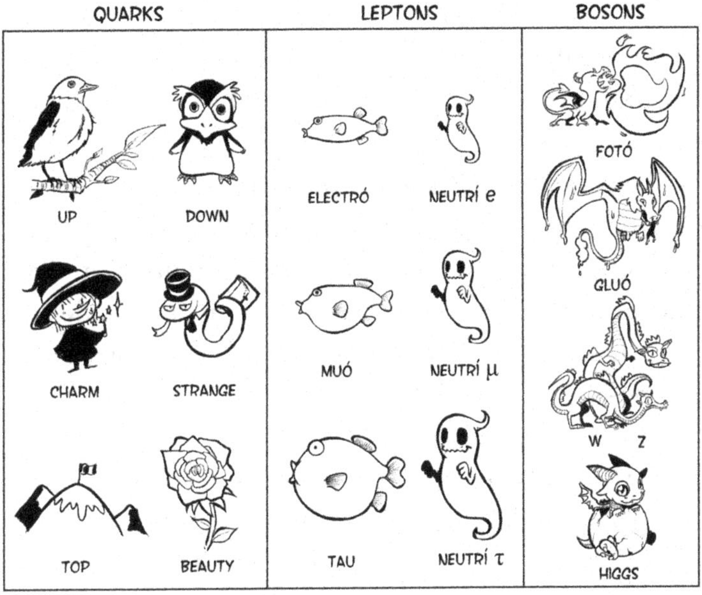

Les tres generacions del Model Stanbord.

neutrins, en paraules del seu altre descobridor, Reines, «no són res, o gairebé res, són la quantitat de realitat més diminuta mai imaginada per un ésser humà». Jo sempre els il·lustro com uns fantasmes diminuts, perquè gairebé no interaccionen amb res. De fet, mira't el polze.

En Francesc em fa cas i es mira la mà, obedient.

—Ara mateix... —prossegueix— cada segon que passa milers de milions de neutrins travessen el teu polze.

—Doncs no noto res!

—Com ja t'he dit, gairebé no interaccionen amb res. De fet, a part de travessar-te a tu, poden travessar la Terra sense problema.

—I d'on vénen, aquests neutrins?

—Alguns venen del Sol i ens travessen de dia i de nit. També procedeixen dels raigs còsmics i del Big Bang, de l'origen de l'univers, així com de reaccions que hi ha a la Terra. Fins i tot nosaltres mateixos som una font de neutrins.

—Això no ho hauria imaginat mai! Jo t'estic enviant neutrins?

—Exactament. El cos humà posseeix aproximadament uns vint mil·ligrams d'un element anomenat Potassi 40, que és beta-radioactiu i produeix molts milions de neutrins al dia, que emergeixen del nostre cos a velocitats properes a la de la llum i transmeten un senyal de la teva existència per tots els racons del cosmos...

—Molen molt, els neutrins!

—Tornant a la velocitat dels neutrins... Com em comentaves, el setembre del 2011, un grup de científics del projecte OPERA va obtenir un resultat sorprenent. La velocitat amb què els neutrins recorrien els 730 quilòmetres que separen el CERN, a Ginebra, del detector que hi ha al Gran Sasso, a Itàlia, era 60 nanosegons més ràpida que la que hauria assolit la llum en el buit.

—I això, segons Einstein, està prohibit. Res pot viatjar més ràpid que la llum.

—Res que tingui informació pot moure's més ràpid que la llum en el buit. Finalment, es va demostrar que els neutrins no s'havien saltat aquest límit de velocitat còsmic. Va ser un error de mesurament.

—És una llàstima, suposo que les implicacions haurien estat tremendes —comenta el meu amic.

—Certament, això hauria suposat un nou canvi de paradigma. Però al final, l'anomenat experiment Ícar va posar punt final a l'afer. Els neutrins són estranys, però no violen la relativitat d'Einstein.

—Aleshores, Ícar va ser l'ària final de l'OPERA.

SENSE PARTÍCULES NO HI HA COSMOS

Marco Polo descriu un pont, pedra per pedra.

—Però, quina és la pedra que sosté el pont? —pregunta Kublai Khan.

—El pont no el sosté una pedra o l'altra —respon Marco—, sinó la línia de l'arc que formen entre totes.

Kublai roman en silenci, reflexionant. Després afegeix:

—Per què em parles de les pedres? L'únic que importa és l'arc.

Polo respon:

—Sense pedres no hi ha arc.

Les ciutats invisibles,
ITALO CALVINO

QUE LES FORCES T'ACOMPANYIN

M'adono que en Francesc mira en silenci pel finestral de la cafeteria. Té fixa la vista en un parterre del jardí sobre el qual descansa un tub enorme (com els de l'accelerador de 27 quilòmetres de circumferència que hi ha a uns 100 metres sota terra), amb la inscripció:

CERN: ACCELEREM LA CIÈNCIA

—T'he avorrit amb aquestes explicacions tan llargues, oi?

—És clar que no! —reacciona en Francesc, de seguida—. Al contrari. De fet, m'ha generat un dubte, Sonia: per què s'ha construït una màquina tan gegantina com aquest accelerador de partícules que tenim sota els peus? Fa falta una cosa tan gran per encalçar unes partícules tan diminutes?

—En l'LHC,[4] els científics pretenen recrear els instants inicials del nostre univers. El moment que va començar tot. A mi m'agrada pensar que és com una màquina del temps gegantina. Amb l'accelerador de partícules i les col·lisions que provoca podem reproduir allò que va succeir menys d'una mil milionèsima fracció de segon després de la «gran explosió» —en aquest moment, com si algú volgués il·lustrar la frase, se sent una trencadissa de plats a la cuina—. L'objectiu és ambiciós: comprendre quins són els constituents de la matèria, les forces que mantenen unides les partícules i com s'organitzen per crear-ho tot; la fusta d'aquesta taula, nosaltres mateixos o els centenars de milers de bilions d'estrelles del nostre univers.

—Però... per què cal tornar gairebé quinze mil milions d'anys enrere, per explicar-ho? Podeu analitzar-me a mi per saber de què estic fet. Ho tinc decidit: dono el meu cos a la ciència.

—És un oferiment molt generós per part teva —li dic entre rialles—. Però l'avantatge de retrocedir en el temps és que, al començament, l'univers era molt més simple que no pas ara.

—Aleshores, nosaltres mateixos, la complexitat del nostre cervell o del món que ens envolta, són resultat de la vellesa de l'univers? —pregunta en Francesc.

Faig que sí amb el cap. M'agrada aquesta idea, perquè no puc evitar associar la vellesa amb la saviesa.

—Una vegada vaig sentir com el divulgador científic Brian Cox feia una metàfora molt maca respecte a això. Segur que alguna vegada has deixat que un floc de neu et caigués al palmell de la mà. Quan l'observes de prop, descobreixes unes formes precioses i complexes. Però quan l'escalfor del teu cos dissol el floc, es transforma en una gota d'aigua diminuta. Bàsicament i senzillament: H_2O. Per això retrocedim en el temps: per tornar a la senzilla aigua primigènia que va

4. Sigles de *Large Hadron Collider*, o «gran col·lisionador d'hadrons».

derivar en el gran floc de neu, preciós i complex, que és ara l'univers.

En Francesc dóna una ullada al meu sandvitx, que està gairebé intacte. Amb tanta xerrameca m'he oblidat d'esmorzar.

—Fes-li una mica de cas, a l'entrepà —em diu—. Crec que d'aquí a uns minuts comença la nostra visita guiada.

Mentre m'acabo de pressa i corrent el que queda del sandvitx, em fixo que en Francesc torna a estar absort en els seus pensaments.

—Donaria el que fos per saber què penses.

—Pensava en el Model Estàndard —confessa el meu amic—. Entenc que la matèria està formada per partícules, quarks i leptons, però, per a què serveixen concretament els bosons?

—Vaja, em pensava que ja n'estaves fart, de tanta partícula... Qualsevol força s'entén com la interacció entre partícules amb massa, constituïdes per quarks o leptons. Els responsables d'aquesta interacció són els bosons.

—No sé si ho entenc.

—La força electromagnètica, per exemple, és la que manté units els àtoms i les molècules.

—I la responsable que jo no travessi la cadira on estic assegut —afegeix en Francesc—. Recordo que m'ho vas explicar durant el viatge «de Solvay».

—Exacte! A més, aquesta força és la base de la llum, els raigs X, les microones, les ones de ràdio, etcètera. Doncs la partícula intermediària d'aquesta força és el fotó.

—La partícula de la llum?

—Això mateix. El fotó pot ser absorbit o radiat per qualsevol partícula amb càrrega.

—I emetre o absorbir un fotó dóna com a resultat la força electromagnètica?

—T'agrada patinar sobre gel? —li pregunto de sobte.

—No sóc precisament un crack de la pista...

—Imagina que estem tots dos, l'un davant de l'altre, en una pista de gel, amb els patins posats. Jo tinc una gran pilota de bàsquet que et llanço amb totes les meves forces. Quan la rebis, què et passarà?

—Amb l'impacte de la pilota, lliscaré cap enrere.

—Per ser precisos, jo també lliscaré una mica cap enrere, de manera que ens separarem, com si una força repulsiva actués sobre nosaltres. Tornant al món quàntic, ara imagina que tu i jo som dues partícules carregades amb el mateix signe, i el fotó, com la pilota, fa que ens allunyem.

En Francesc calla i espera que jo completi la metàfora.

—Ara imagina que som dues partícules de càrregues diferents. En comptes de llançar-te una pilota et donaria l'extrem de la molla que subjecto. En aquest cas t'atrauria cap a mi, és a dir, tindríem una força atractiva. Doncs bé, els bosons també actuen així: són les pilotes i les molles de la pista de gel quàntica. En alguns casos provoquen l'atracció entre partícules, i en altres casos en provoquen la repulsió.

En aquest moment passa davant nostre, a la cafeteria, una estudiant molt guapa que du una samarreta amb un àtom dibuixat. Però al nucli, en comptes de protons i neutrons, hi ha un cor.

—Gràcies a aquest mecanisme, els àtoms es mantenen units... —continuo per recuperar l'atenció d'en Francesc—. La força responsable que els protons i els neutrons es mantinguin units en els nuclis atòmics és la nuclear forta. I els intermediaris d'aquesta força són els bosons anomenats *gluons*. No és casualitat que el nom vingui de l'anglès *glue*, perquè aquestes partícules són les que mantenen «enganxats» els quarks perquè puguin formar els protons i els neutrons.

En Francesc cavil·la un moment abans de preguntar:

—I, aleshores, què caram és la força nuclear feble?

—Aquesta força esprimatxada és la més complexa d'explicar. És la que intervé quan les partícules es desintegren o decauen, per exemple quan els protons es transformen en neutrons. Quan un muó, posem per cas, canvia de tipus per ser un electró, diem que ha canviat de sabor.

—Parlant de sabors... aquest entrepà és insípid. Deuen ser així, els que mengen els astronautes de la NASA?

—No en tinc ni idea. Bé, ara ja coneixes gairebé tota la família de partícules que formen el Model Estàndard. Els sis quarks, els sis leptons i els bosons responsables de les tres forces. Però ens falta la gran estrella d'aquestes instal·lacions: el bosó de Higgs. Però em sembla que haurem de deixar aquesta presentació per a més endavant... Ja arriba el nostre guia!

Just en aquest moment entra en Mirko, un bon amic de la meva etapa de *technical student*, que ara dirigeix el centre d'operacions de l'LHC. Ell ens farà de guia en aquesta visita al CERN.

—Heu vingut a conèixer les instal·lacions, o només us interessa la cafeteria? Poseu-vos les piles, nois. L'espectacle comença d'aquí a cinc minuts!

L'EXPERIMENT MÉS GRAN DEL MÓN

Ens dirigim amb en Mirko cap a un dels edificis que allotja, a uns cent metres sota terra, un dels quatre detectors colossals de l'LHC. Per arribar-hi cal travessar els passadissos laberíntics de l'edifici central del CERN, on es troben els caòtics i desordenats despatxos dels físics teòrics.

Durant el trajecte, el nostre guia i amic aprofita per fer un resum de la història d'aquest gran centre d'investigació.

—El CERN es va fundar l'any 1945 per fomentar la investigació fonamental a Europa i frenar d'aquesta manera l'emigració dels científics als Estats Units, que havia augmentat com a conseqüència de la Segona Guerra Mundial. La primera missió és promoure la investigació, resoldre els enigmes del nostre univers i ampliar les fronteres de la tecnologia. D'altra banda, en aquest centre es fomenta la col·laboració entre científics d'arreu del món. Al CERN es treballa per unir les diferents nacions per mitjà de la ciència.

»Sempre m'ha agradat ressaltar el fet que el CERN no té cap objectiu ni afiliació política ni militar. Els resultats que s'obtenen aquí sempre es fan públics i estan a l'abast de tothom que estigui interessat a estudiar-los.

—Quin és l'origen del nom? —pregunta en Francesc mentre observa distretament dos científics que discuteixen davant d'una pissarra plena de gràfics i fórmules estranyes.

—És l'acrònim del nom original en francès del laboratori: Conseil Européen pour la Recherche Nucléaire —responc immediatament—. Per bé que oficialment el terme *Conseil* es va canviar per *organització*, es van preservar les sigles inicials i es va conservar el nom de CERN.

—Aquest —continua en Mirko— és el centre d'investigació de partícules més gran del món. I és aquí on s'ha construït l'LHC, la joia de la corona. A uns 100 metres sota terra hi ha el túnel de 27 quilòmetres de circumferència que allotja l'accelerador. La màquina més gran mai construïda!

—I no és l'únic rècord que ha assolit l'LHC —afegeixo amb un somriure—. Aquest accelerador és el circuit de curses més ràpid del nostre planeta. Al llarg d'aquests 27 quilòmetres, 9.300 imants acceleren dos feixos de protons, en direccions oposades, a velocitats que s'acosten a la de la llum. Cada segon, trilions de protons fan més d'11.000 voltes a l'LHC, fins a arribar als punts on es produeix la col·lisió. I en aquestes col·lisions es recreen les condicions inicials del nostre univers.

—Quin mareig! —exclama en Francesc.

—Com podeu imaginar, els imants de l'LHC no són normals i corrents.

—O sigui que no són com els que tinc a la nevera de casa —fa broma en Francesc.

—Doncs no, però no vas desencaminat perquè, precisament, volia parlar-te de temperatures gèlides. A part de ser la màquina més gran del món i el circuit de curses més ràpid, l'LHC també és el frigorífic més potent del món. Si al pol Sud, el lloc més fred de la Terra, podem tenir temperatures d'uns 80 graus sota zero, a l'LHC arribem a 271 graus sota zero! Per aconseguir-ho, s'utilitzen unes 120 tones d'heli líquid i 10.000 més de nitrogen líquid.

—Per poder maniobrar amb precisió total els feixos de protons —intervé en Mirko —, fem servir imants anomenats *superconductors*. Aquests imants poden transportar corrent elèctric sense generar calor, però han de funcionar a temperatures baixíssimes que arriben als –271 °C. És per això que necessitem que l'accelerador sigui tan fred. I, posats a parlar de rècords, l'interior dels dos tubs per on viatgen els feixos de protons són el lloc més buit del sistema solar perquè ni tan sols hi pot haver aire.

—Aquests feixos —reprenc l'explicació d'en Mirko—, que viatgen en direccions oposades, contenen protons. Si hi hagués qualsevol mena de partícula de gas en el tub on s'acceleren els protons, hi toparien i l'experiment quedaria avortat. És per això que els dos tubs per on viatgen els feixos han d'estar completament buits.

ATLAS: BUSCANT EN HIGGS DESESPERADAMENT

Just en aquest moment arribem a la porta d'un hangar que allotja en el soterrani, a uns 100 metres sota els nostres peus, el detector ATLAS. Aquest és un dels quatre punts de l'LHC on els protons col·lideixen entre ells i donen lloc a explosions que provoquen el naixement de tota mena de partícules que seran estudiades pels científics.

En alguna d'aquestes col·lisions, físics de tot el món esperen trobar una partícula especial: el famós bosó de Higgs.

Entrem a l'edifici i una de les encarregades de l'experiment ens entrega els passis de seguretat i una petita targeta amb la qual mesurarà la radiació a la qual estarem sotmesos. És un dels molts protocols de seguretat que requereix aquesta visita.

Abans d'entrar a l'ascensor que ens baixarà fins a les profunditats de l'accelerador, veiem uns operaris que passen per un detector de retina per poder accedir a les zones restringides.

—Els protocols de seguretat són necessaris, sobretot quan l'accelerador està en marxa —ens explica en Mirko mentre ens dóna un casc d'obra de color vermell a cadascú—. Però ara no us heu de preocupar, la màquina està aturada durant les vacances de Nadal.

En arribar davant l'ATLAS és impossible no sentir-se impressionat per la seva magnitud colossal. El detector té uns 25 metres de diàmetre i 46 metres de longitud, com la meitat de la catedral de Notre-Dame a París. Pesa ni més ni menys que 7.000 tones, com la Torre Eiffel o cent Boeing 747 junts.

El detector sembla un braç de gitano gegantí. Al centre hi ha els tubs per on passen els feixos de protons, i al voltant se situen les diferents capes de detectors.

—L'ATLAS és el detector de col·lisions de partícules més gran que s'ha construït mai. —En Mirko aconsegueix que apartem la mirada hipnotitzada de la grandiosa construcció—. Aquest és un dels quatre punts de l'accelerador on es fan col·lidir els feixos de protons. Aquest experiment enregistrarà tot el que succeeixi durant les col·lisions. La quantitat de dades és tan enorme, que només a l'ATLAS s'hi podrien gravar cent mil CDs per segon. I si els poséssim tots en una pila, podríem anar i tornar a la Lluna dues vegades l'any.

—Si no ho entès malament —interromp en Francesc—, els protons estan compostos per tres quarks, de manera que quan fem topar els protons entre ells el que aconseguirem en «trencar-los» és alliberar els quarks que tenen a dins, oi? Tanta informació contenen aquests petits quarks?

—En aquestes col·lisions no solament apareixen els quarks que formen els protons —l'interrompo amb entusiasme—. Es formen moltes altres partícules de noms divertits: *muons*, *neutrins*, *tau*... I esperem que aviat aparegui el tan desitjat *bosó de Higgs*.

—No ho entenc —diu en Francesc—. Si fas topar dos protons, l'únic que en pot sortir són els quarks que els formen. D'on surten totes aquestes partícules de què parles, Sonia?

—Gràcies a la famosa equació d'Albert Einstein, $E = mc^2$, sabem que l'energia és igual a la massa per la velocitat de la llum al quadrat. No solament la massa es pot convertir en energia, com passa amb les bombes atòmiques, sinó que l'energia també es pot convertir en massa. És el que succeeix dintre de l'accelerador. És com si fessis topar dos plats i, a més dels bocins de porcellana, apareguessin culleres, forquilles i tota la coberteria sencera. Atòmic! No et sembla?

—M'està agafant mal de cap... —sospira en Francesc.

—Doncs recupera forces —fa broma en Mirko— perquè ara visitarem l'hangar on hi ha els imants de recanvi. Així podràs veure com està construït l'accelerador.

El guia ens acompanya en el seu cotxe fins al nostre proper destí. Per arribar-hi hem de travessar la frontera amb França, la mateixa que jo travessava tots els matins per treballar al

CERN, uns anys enrere. És a pocs metres de l'entrada del laboratori.

En aquella època vivia en el minúscul poble de Saint-Genis-Pouilly, en un apartament on descansava de la feina diària al CERN. És a un parell de quilòmetres de l'entrada de les instal·lacions que ara visitem.

Em recupero del fugaç atac de melancolia, perquè de seguida arribem a un espaiós hangar que allotja els imants gegantins que es col·locaran a l'LHC. Als laterals hi ha les maquetes de l'accelerador i les parts que el componen per acompanyar les explicacions dels guies.

—Aquí podeu veure els diferents imants i components que formen 23 dels 27 quilòmetres de circumferència —explica en Mirko amb entusiasme—. Com us deia abans, un dels grans reptes quan es va construir l'LHC era aconseguir que els feixos de protons recorreguessin amb una precisió mil·limètrica els 27 quilòmetres de circumferència. Per a això cal corbar les partícules amb camps electromagnètics. Aquí hi ha imants que fan 15 metres i pesen 35 tones. Imagineu-vos! Una part dels imants s'encarreguen de mantenir la trajectòria corbada i els altres, d'agrupar els protons dintre del feix.

Perquè en Mirko descansi una mica, aporto una dada per comprendre la improbabilitat de les col·lisions:

—Per molt que estrenyem el feix tant com ens sigui possible, per aconseguir una única col·lisió ens calen deu bilions de protons.

—Aleshores, en realitat es produeixen poquíssimes col·lisions, oi? —pregunta en Francesc.

—Tingues en compte que hi ha trilions de protons que donen voltes a l'LHC, de manera que cada segon es produeixen uns sis-cents milions de col·lisions.

En aquest moment arriba la Lina, una científica txeca que

s'encarrega que els imants funcionin correctament abans de baixar-los a l'LHC. Fa una forta abraçada al nostre guia.

És una altra de les coses que sempre m'han agradat del CERN: reunir tanta gent de parts diferents del món amb un mateix objectiu. Quan els científics s'interroguen sobre els grans enigmes del nostre cosmos, obliden ràpidament les diferències de sexe, raça o nacionalitat. De sobte, tots ens convertim en observadors fascinats i insignificants del meravellós món que ens envolta.

—Apropeu-vos —ens convida la Lina—. Aquests són els cables que formen els imants superconductors. Estan compostos per filaments de niobi i titani. Si ajuntéssim tots els fils d'aquest material que hi ha a l'LHC podríem anar i tornar al Sol sis vegades i encara ens sobraria cable per anar unes quinze vegades a la Lluna.

—Algú ha pensat a presentar l'LHC als premis Guiness? —deixa anar en Francesc—. Ho dic seriosament... I això em fa pensar en una altra pregunta que em ronda pel cap des que vam sortir de viatge...

—Els teus dubtes hauran d'esperar uns minuts... —dic, mirant el rellotge—. Tenim una taula reservada per sopar una fondue a Ginebra.

La màquina més gran que s'ha construït mai

Un cop entaulats, animo en Francesc perquè ens plantegi els dubtes que ha mencionat durant la visita als imants de l'LHC.

—No us vull aclaparar amb tantes preguntes —diu, amb el cap cot—. Tampoc són gaire importants...

—Totes les preguntes ho són —l'interrompo de seguida—. A més, ja saps el que diuen: «Si preguntes, semblaràs beneit un dia; si no ho fas, seràs beneit tota la vida».

—Per quina raó està soterrat, l'accelerador? —planteja en Francesc mentre ens serveixen tres copes de vi de Ticino—. És perillós, el que passa allà baix?

—L'LHC està instal·lat en els 27 quilòmetres de túnel que allotjaven l'anterior accelerador —contesta en Mirko—, que es va desmuntar l'any 2000. Es va construir sota terra no perquè fos perillós, sinó perquè sortia més barat excavar un túnel a cent metres sota terra que comprar els terrenys de la superfície. D'altra banda, sí que és veritat que l'escorça terrestre és un bon escut per frenar la radiació que s'emet durant l'experiment.

—Aleshores, recrear petits big bangs aquí baix no posa en perill el planeta? —pregunta en Francesc, insegur.

—No t'has de preocupar. L'energia que generen aquestes col·lisions és menor fins i tot que la dels raigs còsmics que arriben constantment a la Terra.

—I n'hi ha prou amb tan poca energia per comprendre el que va succeir a l'inici dels temps?

—Sí, en un feix de protons tan petitet es concentra energia suficient per reproduir i entendre la densitat que hi havia en els primers instants del Big Bang.

—Llavors, els que parlen del risc de crear un forat negre que es podria empassar la Terra i tot el sistema solar...

—Quan mor una estrella gran, posem que una vegada i mitja més gran que el Sol, es converteix en un forat negre. Alguns han teoritzat que a l'LHC, amb les col·lisions d'aquestes partícules minúscules, que en realitat tenen l'energia d'un mosquit insignificant, es podrien crear forats negres microscòpics. Amb tot, si fos així, serien massa febles per arrossegar la massa del seu voltant. S'evaporarien en un instant. De manera que no cal que et preocupis gens ni mica per aquest tema.

—Bé, m'has convençut una mica —diu en Francesc, no gaire segur—. Canviant de tema, us puc fer una altra pregunta indiscreta?

—Dispara —l'anima en Mirko.

En Francesc ens omple les copes, com si volgués que abaixéssim la guàrdia.

—És pública, la xifra que ha costat tenir aquest accelerador? No serà un forat negre per a les nostres butxaques?

—Les dades són públiques —contesta el guia—. La construcció de la màquina va costar uns tres mil milions d'euros.

—És una xifra alta, però molts bancs han rebut moltíssim més per cobrir la seva mala gestió! —protesto—. Des dels inicis, el CERN ha ofert a la humanitat nombrosos avenços que ens fan viure molt millor. Els detectors que s'han desenvolupat aquí han donat com a fruit gran part de la maquinària de detecció que es fa servir als hospitals, així com la radioteràpia d'electrons o protons contra els tumors.

—Per no parlar que és aquí on va néixer la World Wide Web —afegeix en Mirko—. Si en comptes de ser gratuïta, el CERN hagués cobrat un cèntim cada cop que algú s'hi connecta, ara podríem construir centenars d'acceleradors com aquest!

—Home —diu en Francesc—, no vull fer d'advocat del diable, però és possible que moltes persones associïn un centre d'investigació nuclear al desenvolupament d'armes de destrucció massiva, com el Projecte Manhattan.

—És cert —contesto—. Però la ciència no és intrínsecament bona o dolenta. Depèn del que nosaltres, els humans, decidim fer-ne. Si volem que ens ajudi a seguir avançant com a civilització, hem de treballar perquè el coneixement científic no es quedi als laboratoris, sinó que arribi a tots pel bé de la humanitat.

L'ALEXANDRIA DE CARL SAGAN

Carl Sagan fa a *Cosmos* una reflexió molt encertada sobre la importància de la divulgació de la ciència. Explica que va haver-hi un moment en la nostra història en què es va desenvolupar una brillant civilització científica: la biblioteca d'Alexandria.

Creada al segle III aC pels ptolemaics, aquesta ciutat va acollir les ments més brillants del món antic al llarg de set segles. A la biblioteca no només es recopilaven i s'adquirien llibres i manuscrits d'arreu del món, sinó que s'encoratjava i es finançava la investigació científica. Allà es van desenvolupar les matemàtiques, la física, l'astrofísica, la biologia, la medicina i la literatura, matèries que encara avui són el fonament per construir la ciència actual.

Eratòstenes, director de la Biblioteca, va calcular el diàmetre de la Terra al segle III aC. Hiparc de Nicea va ordenar el mapa de les constel·lacions i va mesurar la brillantor de les estrelles. Euclides va sistematitzar la geometria i Dionís de Tràcia va fer el mateix amb el llenguatge. Heròfil va ser el primer a proposar que la intel·ligència es troba al cervell, i Heró, a part de ser inventor d'engranatges i aparells de vapor, va escriure el primer relat de robots: *Autòmata*. També sabem que va ser allà on es desaven els documents d'Aristarc de Samos, en els quals descrivia que la Terra dóna voltes al voltant del Sol i que les estrelles es troben a unes distàncies enormes.

Vam haver d'esperar dos mil anys per recuperar aquestes idees.

Alexandria va esdevenir el cor i la ment de l'antiguitat, i als seus ports arribava gent de diferents països, races i cultures, no només per intercanviar mercaderies, sinó també coneixement. Aquella ciutat va ser probablement la que s'ajustaria millor a la definició de la paraula encunyada per Diògenes: *cosmopolita*, 'ciutadà del cosmos'. Sentir-nos units, no per formar part d'una nació, sinó per ser ciutadans del cosmos.

Sagan planteja una pregunta crucial que hauria de fer-nos reflexionar, per tal de no tornar a cometre el mateix error:

> Què va impedir que arrelessin i prosperessin? Per quina raó Occident es va adormir durant mil anys de tenebres, fins que Colom, Copèrnic i els seus contemporanis van redescobrir la tasca feta a Alexandria? No us puc oferir una resposta senzilla. Però el que sí que puc assegurar és que en tota la història de la Biblioteca no hi ha notícia que cap dels científics i estudiosos il·lustres arribessin a desafiar seriosament els fonaments polítics, econòmics i religiosos de la societat. Es va posar en dubte la permanència de les estrelles, no la de la justícia de l'esclavitud.
>
> A més, a Alexandria la ciència i la cultura estaven reservades a uns quants privilegiats. El gruix dels habitants de la ciutat no tenia la més mínima idea dels grans descobriments que s'estaven fent dintre de la Biblioteca. Els nous descobriments no es van explicar ni popularitzar. La investigació els va beneficiar ben poc.
>
> Els descobriments en mecànica i tecnologia del vapor es van aplicar principalment per perfeccionar armes, estimular la superstició, divertir els reis. Els científics mai van captar el potencial de les màquines per alliberar les persones. Els grans assoliments intel·lectuals de l'antiguitat van tenir poques aplicacions pràctiques immediates. La ciència no va fascinar mai la imaginació de les masses. No hi va haver un contrapès enfront de l'estancament, el pessimisme, l'entrega més abjecta al misticisme.
>
> I llavors, quan la xusma va presentar-se davant la Biblioteca amb la intenció de cremar-la, ningú va ser capaç d'aturar-la.

11

Higgs-Dependence Day: la maleïda partícula de Déu

És molt agradable tenir raó de tant en tant.

Peter Higgs

De: Francesc <francesc.desayunoconparticulas@gmail.com>
Per a: Sonia <sonia.desayunoconparticulas@gmail.com>

Hola, Sonia,

Com va el refredat?

M'ha arribat el rumor que la presentació que es farà al CERN dimecres vinent serà una bomba: «Troben per fi la partícula de Déu!». Ja veig els titulars...

Tampoc tinc molt clar el que significa, però després del nostre viatge al CERN, em va quedar clar que per als físics que fa mig segle que la busquen desesperadament serà una gran fita.

Tinc ganes de saber què n'opines: serà el 4 de juliol el dia del bosó de Higgs?

Un petó,

Francesc

PD. Et duré equinàcia, un remei infal·lible contra el refredat.

De: Sonia <sonia.desayunoconparticulas@gmail.com>
A: Francesc <francesc.desayunoconparticulas@gmail.com>

Francesc,

És clar que estic al dia dels rumors! I molt nerviosa desitjant que arribi el dimecres.

Hi haurà una connexió, via webcasting, per poder seguir en directe la presentació des de qualsevol racó del món.

Tenia planejat pujar a la universitat per compartir el moment amb els meus companys, però amb la galipàndria que duc al damunt, finalment ho veuré des de casa. Si ets valent i no t'espanten els virus.... t'agradaria venir? Així posaré a prova el teu remei infal·lible contra el refredat.

Pel que fa a la meva opinió: seré prudent i esperaré a dimecres. El desembre passat els resultats van ser una mica decebedors per als impacients que esperàvem notícies definitives. Això em va fer recordar el refrany popular: la paciència és la mare de la ciència. Tanmateix, i en confiança... amb la informació que m'ha arribat a través dels amics que tinc al CERN, estic d'acord que serà una bomba ☺.

També estic d'acord que la frase «Troben la partícula de Déu» serà un bon titular, per bé que dins la comunitat dels físics de partícules aquesta expressió no agrada gaire. No hi ha res en aquesta partícula que es relacioni amb textos sagrats, ni amb cap altre concepte que tingui a veure amb Déu.

Aquest sobrenom diví té l'origen en una anècdota curiosa. El premi Nobel Leon Lederman va escriure un llibre divulgatiu que es titulava: *La partícula de Déu: Si l'univers és la resposta, quina és la pregunta?*

En realitat, el títol que havia escollit Lederman era *La partícula maleïda*, però al seu editor no li va agradar i va decidir canviar-lo. Amb l'objectiu de vendre més llibres, va pensar que «partícula de Déu» era més comercial que «partícula maleïda». I cal reconèixer que, des del punt de vista del màrqueting, la va encertar perquè el sobrenom ha causat furor (i confusió) entre els mitjans de comunicació. Doncs bé, si ets valent i et decideixes, ens veurem el 4 de juliol a dos de nou del matí a casa meva, per fer un «esmorzar amb partícules de Higgs».

Un petó,

S.

Nascut el 4 de juliol

Són dos quarts de nou del matí, l'ordinador ja està connectat i preparat per enllaçar amb la difusió per web del CERN. La tetera a punt i uns entrepans per aguantar tot el matí sense haver de distreure'ns per res. Tot llest per al gran dia.

Sona el timbre de casa. En Francesc arriba puntual.

—He arribat a la conclusió —exclama abans que jo pugui dir res—, que m'estimo més córrer el risc d'encomanar-me amb els teus virus que deixar passar un dia històric davant dels nassos i no assabentar-me de res. Vinc amb la condició que m'expliquis detalladament tot el que passi avui.

—Tracte fet, amic meu! Pregunta tot el que vulguis.

—Et penediràs de l'oferiment... Per mi ja pots començar des del principi. Què és això del bosó de Higgs? Per què els físics perseguiu una partícula tan diminuta?

—Bé —dic, seient al sofà—, tu ho has volgut. Comencem pel començament... Una pregunta habitual de l'ésser humà, des dels inicis de les civilitzacions, ha estat: De què està fet, el cosmos? Què el manté unit?

—Certament —afegeix en Francesc—. Vaig llegir en un article que, a l'antiguitat, es pensava que la matèria estava composta per *maons* primordials de tipus diferents. El filòsof grec Empèdocles, al segle V aC, prenia com a elements fonamentals el foc, l'aire, l'aigua i la terra. En contraposició a aquestes idees, Demòcrit va plantejar la teoria de l'àtom: l'últim component indivisible de la matèria.

—Si m'ho permets, farem un salt de gegant en la història, aquest cop sense màquina del temps —continuo, mentre en Francesc mira de reüll les escales que pugen a l'estudi—. Traslladem-nos al 1897, l'any que Thomson descobreix l'electró. L'àtom no és l'últim element, ja que la nova partícula orbita al voltant d'un nucli.

—I segons el que m'has explicat, això només va ser el començament, perquè el nucli es compon de protons i neutrons, que per la seva banda estan compostos pels meus amics els quarks.

—Veig que aquesta part de la lliçó te la saps amb tots els ets i uts... Aquesta col·lecció de partícules, com et vam explicar durant la visita al CERN, està ben ordenada gràcies al Model Estàndard. Aquest model ens explica com estan formades la matèria i les forces que hi ha a l'univers.

—Totes menys la de la gravetat.

—Exacte! I tampoc pot respondre a una pregunta que ens podria semblar fonamental: per què algunes partícules tenen massa, com l'electró, i d'altres, com el fotó, no en tenen? —En Francesc em mira amb cara d'estupor—. Doncs el bosó de Higgs apunta precisament en aquesta direcció.

El so procedent de l'ordinador ens interromp. Ha començat la retransmissió. Són les nou menys deu del matí. Veiem com el professor Higgs entra a l'auditori del CERN.

—La sala és plena de gom a gom —comenta en Francesc—. Quanta gent deu haver quedat fora? Amb la gentada que deu seguir la conferència, haurien d'haver llogat l'estadi de Ginebra...

—L'auditori és molt petit —coincideixo amb ell—, cosa que demostra que als anys cinquanta la família de físics de partícules era força reduïda... Avui està gairebé tot ocupat per periodistes. La resta de científics i molts dels meus amics del CERN segueixen la conferència a través del web, com nosaltres.

—És irònic que el web s'inventés precisament al CERN. Creus que Tim Berners-Lee hauria arribat a imaginar aquest moment?

El director general del CERN, Rolf Heuer, pren la paraula per obrir oficialment l'acte amb una introducció breu. De seguida cedeix el torn a Joseph Incandela, el portaveu de l'experiment CMS, que comença a deixar anar un munt de dades i paraules tècniques.

El secret és la massa

En Francesc, al meu costat, s'agita inquiet al sofà. No em vol interrompre, però sé que no aguantarà molt abans d'adormirse, i jo vull que aquest dia també sigui especial per a ell, per molt que sigui de lletres.

—T'importa que aprofiti la primera part de la presentació, que serà molt tècnica, per prosseguir amb la història del bosó de Higgs?

—Si us plau! —respon, alleujat—. Ens havíem quedat en allò que semblava un eslògan de Telepizza: el secret és la massa.

—Sí, senyor. El Model Estàndard de partícules no explica per què algunes partícules, com el fotó, no tenen massa i d'altres, com els quarks, sí que en tenen. Als anys seixanta, un grup de físics, entre ells Peter Higgs, van postular l'existència d'un mecanisme que seria l'encarregat d'atorgar la propietat a la massa.

—Com si fos una mena de repartidor de quilos —diu el meu amic. Jo assenteixo amb el cap.

—De la mateixa manera que existeix un camp electromagnètic que afecta les partícules, també parlem del camp de Higgs que els atorga la propietat de *massa*.

—Tornes a dir coses estranyes.

—A veure, posem una analogia ben fresca, ara que arriba la calor de l'estiu. Imagina que aquest camp de Higgs és una petita piscina, d'aquestes on no t'enfonses del tot. Alguna vegada has intentat travessar-la corrent?

El meu amic fa que sí amb el cap i jo continuo l'explicació.

—Costa molt travessar-la, molt més que si ho fas nedant a crol, oi? Podríem dir que és com si «pesessis» molt més. Doncs les partícules reaccionen d'una manera semblant a aquest camp de Higgs.

—O sigui que el fotó passa nedant com si fos un peixet i l'electró travessa feixugament i dempeus aquesta piscina de Higgs... Però, Sonia, tu parles tota l'estona del camp de Higgs, però jo sempre he sentit parlar del bosó de Higgs, no del seu camp.

—Quan parlem d'una manera «poc precisa», diem que el bosó de Higgs és el responsable que les partícules tinguin massa, però si volem ser rigorosos, no és aquest bosó el que els atorga la massa, sinó el camp.

—I per què no parlem sempre d'aquest camp, si és el que realment és important?

—Perquè el bosó de Higgs és el que podem detectar en acceleradors de partícules com l'LHC. El camp de Higgs es pot comparar amb l'aire. Aquesta habitació és plena d'aire, de la mateixa manera que el camp de Higgs és a tot arreu. Però fins que no obro aquesta finestra i genero una petita brisa, no sóc conscient de la seva existència.

—D'acord, però ara tanca-la, o el teu refredat es convertirà en faringitis...

Segueixo la recomanació del meu amic i continuo l'explicació.

—Seguint amb la metàfora de l'aire, si ajunto els palmells amb rapidesa —dic mentre pico de mans—, provoco una petita pertorbació en l'aire. Aquesta pertorbació no és altra cosa que ones, que arriben en forma de so a la teva oïda, i és allà on aquest so és detectat. Recorda que, en física quàntica, les ones també són partícules.

—Et segueixo.

—El que experimenten a l'LHC és una cosa semblant al que acabo de fer amb l'aire: acceleren protons en direccions oposades i a velocitats properes a la de la llum. Les fan col·lidir igual que jo he picat de mans. Amb aquestes col·lisions pertorben el camp de Higgs i creen aquestes partícules anomenades *bosons de Higgs*, que són precisament les que nosaltres podem detectar. Són la prova de l'existència d'aquest camp.

En aquest moment ens interromp el vídeo que s'està projectant a l'ordinador. El públic de l'auditori del CERN aplaudeix amb entusiasme. Incandela ha presentat els seus resultats: hi ha evidències d'una partícula de massa propera a 125 GeV/c^2 que decau en dos fotons, evidències d'una partícula de massa similar que decau en dues parelles de leptons-antileptons. Els aplaudiments es generalitzen quan Incandela mostra la dada següent: cinc sigmes.

Encomanada per l'entusiasme que es genera al llunyà auditori del CERN, m'aixeco del sofà i m'afegeixo als aplaudiments.

—Em sento com si estigués veient un partit del Mundial i no sabés quan marquen un gol —confessa en Francesc, que m'observa astorat—. La traducció, si us plau!

—Detectar aquest bosó no és fàcil. Quan fem col·lidir els feixos de protons no sempre obtenim el bosó de Higgs. És com si féssim xocar dues síndries, l'una contra l'altra, i necessitéssim que les llavors minúscules que hi ha dintre col·lidissin a la perfecció.

—Reconec que seria difícil.

—Per desgràcia, el bosó de Higgs no es pot observar directament. No és tan senzill com dir: mira'l, es allà! Aquest bosó és molt inestable, és a dir, es desintegra molt ràpidament i es transforma en altres partícules. Per exemple, el bosó de Higgs es pot desintegrar en dos fotons d'alta energia. Doncs són precisament aquestes partícules resultants les que han detectat els científics del CMS. Per això Incandela parla tota l'estona de fotons i parelles de leptons-antileptons. Amb aquestes partícules on Higgs es desintegra, els científics fan una tasca a l'estil de Sherlock Holmes. De la mateixa manera que el detectiu i el seu ajudant reconstrueixen el que ha passat a l'escenari del crim gràcies a les empremtes i les pistes que deixen els lladres esquius, els físics reconstrueixen el que ha succeït a partir de milions i milions de col·lisions, partícules diverses i dades diferents.

—Elemental, estimat Watson.

Higgstèria

Tornem a parar atenció a l'ordinador. És el torn de Fabiola Gianotti, portaveu de l'experiment ATLAS. Igual que el seu col·lega, comença presentant detalls tècnics incomprensibles per al meu company.

Mentrestant, la Fabiola continua amb la presentació dels resultats d'ATLAS. Per curiositat, en Francesc decideix seguir els comentaris que s'estan publicant a Twitter amb el *hashtag*

#Higgs, que s'ha col·locat com a *trending topic* del dia. L'anècdota curiosa és que #comicsans es posiciona ràpidament en les primeres posicions de Twitter.

—Mira, Sonia, tota aquesta gent està pendent del tipus de lletra que fa servir Gianotti a la presentació. Sembla que Comic Sans no és la lletra més seriosa que es pot fer servir en un Power Point. Mira el que diu aquesta piulada —afegeix, aguantant-se el riure—: «Cada vegada que fas servir Comic Sans en un Power Point, Déu mata el gat de Schrödinger. Si us plau, penseu en el gat». Imagino que molts d'aquests són incapaços de seguir el contingut, i es distreuen com poden.

—Justa la fusta —ric—. Tampoc ho trobo tan terrible. Comic Sans és una lletra pensada per als nens, i és molt fàcil de llegir.

—Sí, però has de reconèixer que es fa una mica estrany llegir «la màxima desviació del fons dels decaïments a quatre leptons» en una tipologia de lletra dissenyada originalment per als nens petits.

Ens tornem a concentrar en les paraules de la Fabiola. ATLAS ha trobat mostres d'una nova partícula de massa propera als 125 GeV/c^2, que decau en dos fotons i quatre leptons. A l'auditori no se sent ni una mosca, tots estan pendents de les paraules de la Fabiola: de manera independent, ATLAS i CMS han descobert una nova partícula compatible amb el bosó de Higgs.

Durant uns instants regna el silenci, i jo aguanto la respiració, conscient del que acaba d'anunciar la representant d'ATLAS. En Francesc, al meu costat, em mira a mi i després a l'ordinador, per provar d'interpretar el que està passant.

La Fabiola dirigeix la mirada a Rolf Heuer, el director del CERN, que es troba dret al seu costat. Al cap d'un instant, Heuer afirma amb un to que és informal i jovial a la vegada: «Em sembla que ho hem aconseguit».

Eufòria generalitzada.

L'auditori esclata en una barreja d'alegria, aplaudiments i fins i tot llàgrimes d'emoció per part d'alguns assistents. A casa, jo salto sobre el sofà, aplaudeixo fins que les mans em fan mal, mentre en Francesc, encomanat per l'entusiasme del moment, crida «GOOOOOL!» i alça els braços enlaire.

No puc evitar emocionar-me, com han fet alguns dels espectadors de l'auditori. Pensar que fa deu anys jo treballava perquè aquest projecte tirés endavant m'omple de joia, per bé que la meva contribució és tan petita com la partícula diminuta que s'acaba de descobrir.

—Enhorabona per la part que et toca —diu en Francesc, orgullós.

—Amic meu, acabem d'assistir a una fita històrica. Com t'explicava abans, s'ha pogut determinar que el bosó existeix, gràcies a les anàlisis estadístiques dels milions de dades que s'obtenen amb aquestes col·lisions. La quantitat de sigmes ens diu si aquests resultats surten per casualitat o si realment hi ha un bosó. Cinc sigmes significa que en podem estar segurs en un 99,9999 %.

—Doncs sí que sou rigorosos, els físics.

—És clar. Fixa't en el que diu el director del CERN a la roda de premsa: «Com a persona, sí que li puc dir que tenim el bosó de Higgs. Com a científic, només puc dir que l'és amb una probabilitat alta». Aquesta és la precisió de la ciència.

El director del CERN explica als periodistes que ara és el moment de comprovar si el bosó de Higgs que s'ha trobat és realment el que prediu el Model Estàndard o si és un bosó de Higgs més exòtic.

—Què vol dir amb això, Sonia?

—De moment sabem que el que hem trobat, amb una gran probabilitat, és el bosó de Higgs. Però no sabem si es comportarà exactament com prediu la teoria. És com si veiessis de lluny un amic de la infància. El reconeixes, però et cal apropar-t'hi per verificar si és ell i no un cosí o un germà que se li assembla.

—És un dia històric, com bé dius. Però... i ara què? Vull dir que l'objectiu del gegantí LHC era trobar el bosó de Higgs, i ja no hi haurà més sorpreses en aquest gran accelerador.

—Què dius, home! Aquest era només un dels objectius de l'LHC. És veritat que era el més esperat, però encara queden moltes preguntes a què pot respondre aquest gran accelerador de partícules. Però si et sembla bé, ho deixarem per a més endavant, perquè ara cal anar a dinar per celebrar-ho.

—Genial!

«The CERN files»: les 4 grans preguntes que el CERN intenta respondre

Com es comporta un antiunivers?

Tot allò que veiem al nostre voltant està format pel que anomenem matèria, que està composta per partícules. Ara sabem que en el nostre univers també existeix l'antimatèria, formada per antipartícules. Cada partícula de matèria té el seu equivalent en antipartícula. És una versió bessona de la partícula: amb la mateixa massa però amb la carrega oposada.

Quan una partícula neix o es crea, també ho fa la seva antipartícula, de manera que quan es va iniciar el nostre univers devia haver-hi una quantitat equivalent de matèria i antimatèria. Sabem que quan una partícula entra en contacte amb la seva antipartícula totes dues s'aniquilen entre si, i alliberen una gran quantitat d'energia en forma de radiació. Vaja, que si un dia us trobeu el vostre antijo, és millor que no li doneu la mà...

La pregunta és: si matèria i antimatèria s'aniquilen en entrar en contacte, no s'hauria d'haver destruït tot, després del Big Bang? Com és possible que una porció de matèria aconseguís sobreviure i crear l'univers que avui coneixem? La naturalesa té un favoritisme envers la matèria?

Els experiments que es duen a terme a l'LHC, en particular l'LCHb, indaguen el motiu pel qual la matèria «va guanyar» la partida a l'antimatèria, i estudien les diferències fonamentals entre totes dues.

Es comporten d'una manera diferent? Interaccionen distintament amb les forces que coneixem? Podria, l'antimatèria, pujar cap al cel a causa de la força de la gravetat, en comptes de caure cap al terra?

LA BOMBA D'ANTIMATÈRIA DE DAN BROWN

En la famosa novel·la *Àngels i dimonis*, que en la versió cinematogràfica va protagonitzar Tom Hanks, el cèlebre autor de best-sellers Dan Brown plantejava la possibilitat que uns terroristes robessin al CERN un quart de gram d'antimatèria, amb un poder destructiu equivalent a mitja bomba d'Hiroshima.

Allò que per a l'autor d'*El codi Da Vinci* pot resultar una idea atractiva i temible alhora, topa amb dues improbabilitats si tenim en compte com s'obté i s'emmagatzema l'antimatèria:

- Atès que en l'LHC es produeix diàriament una quantitat ínfima d'antimatèria, per ajuntar un quart de gram, el CERN hauria de treballar a tota màquina diversos milions d'anys, amb una despesa d'energia descomunal. Es calcula que tota l'antimatèria generada en aquest laboratori des de la seva creació fins a l'any 2009 només serviria per encendre una bombeta durant un minut.

- En cas que aquest quart de gram existís, no es podria transportar en una maleta normal, com qui roba uns diamants. Com que l'antimatèria es destrueix en entrar en contacte amb la matèria, es necessiten uns contenidors enormes per confinar-la en un camp magnètic i d'aquesta manera evitar que tot s'aniquili. De fet, la petitíssima quantitat d'antimatèria que es produeix al CERN necessita diverses sales amb un consum energètic altíssim per poder-la conservar.

L'antimatèria va ser proposada per primera vegada per Paul Dirac l'any 1928, quan va combinar equacions de la relativitat especial i la física quàntica amb l'objectiu de descriure el moviment de l'electró al voltant del nucli atòmic.

La seva equació va plantejar una solució sorprenent: hi devia haver un antielectró (o positró) per a cada electró, que tindria la mateixa massa però càrrega oposada. Dirac va assumir aleshores l'existència d'una antipartícula per a cada partícula, idea que el va dur a especular, en el discurs d'acceptació del premi Nobel, sobre l'existència d'un antimón, igual que el nostre però format per antimatèria.

Pocs anys més tard, el 1932, C.D. Anderson va detectar el positró gràcies al seu estudi sobre rajos còsmics. A partir d'aquest moment es va iniciar la recerca, amb gran èxit, de tota mena d'antipartícules. Però el gran pas, el que ens va portar de les antipartícules a l'antimatèria, el va fer el CERN l'any 1995, quan va crear els primers àtoms d'antimatèria.

Gairebé mig segle després d'aquesta demostració teòrica, la producció d'antimatèria continua sent difícil i molt costosa.

De fet, es tracta sens dubte de la substància més cara del món: generar un mil·ligram d'antimatèria costa aproximadament 60.000 milions de dòlars.

Al CERN, a part de l'accelerador de partícules LHC, també hi ha altres projectes d'investigació, com ara l'ALPHA. Aquest projecte va aconseguir l'any 2012 produir i retenir 300 àtoms d'antihidrògen durant 16 minuts. Potser no sembla gaire, però 1.000 segons és una eternitat en el món dels àtoms. Retenir antimatèria durant tant de temps permetrà, en un futur proper, experimentar-hi i aconseguir comprendre com es comporta.

A part de la possibilitat d'entendre l'origen de l'univers, l'antimatèria es pot utilitzar de forma molt beneficiosa, per exemple per destruir teixits cancerosos d'una manera efectiva.

Com a combustible, alguns teòrics han estimat que només caldrien 10 mil·ligrams d'antimatèria per portar una nau a Mart. No obstant això, ens enfrontem a un gran repte pel que fa a l'eficiència: costa més energia generar aquests 10 mil·ligrams d'antimatèria que la que ens oferiria per poder arribar a Mart. Per bé o per mal, encara estem molt lluny d'obtenir una quantitat semblant i desenvolupar una tecnologia que ens permeti aprofitar-ne els avantatges.

Com era la «sopa» primordial del Big Bang?

L'observació dels astres ens permet veure com era l'univers 400.000 anys després del Big Bang, però ens costa molt retrocedir a aquest moment inicial del qual parla el llibre de Steven Weinberg. Aquesta és justament la finalitat del col·lisionador d'hadrons LHC: reproduir a petita escala el que va succeir en aquell inici, conèixer els secrets del Big Bang.

Els teòrics pensen que al principi es va crear un còctel de quarks, les partícules elementals de la matèria. En l'univers que coneixem, els quarks estan confinats, gràcies als gluons, dintre dels protons i neutrons que formen els nuclis dels àtoms. Tanmateix, en el Big Bang, a causa de la temperatura altíssima, els gluons que mantenien unides aquestes partícules no estaven confinats als protons i neutrons. En la «sopa primordial», extremament calenta i densa, els quarks i els gluons eren partícules lliures. No hi havia àtoms, ni estrelles, ni vida, ni civilització. Tan sols una immensa bola de foc.

En l'accelerador de partícules, l'experiment ALICE (sigles de *A Large Ion Collider Experiment*) recrea l'anomenat *plasma de quarks i gluons* per comprendre com passem del CAOS d'aquesta sopa primordial al COSMOS que avui en dia comencem a conèixer. Una transformació de la qual no solament som testimonis, sinó també el fruit.

Hi ha altres dimensions?

En la nostra vida quotidiana identifiquem amb facilitat les tres dimensions espacials: alçada, amplada i llargada (per exemple, quan provem de fer entrar la maleta com a equipatge de mà a la cabina d'un avió). A aquestes tres dimensions, Einstein hi va afegir una quarta que també ens resulta familiar: el temps. Però algunes teories posteriors plantegen l'existència d'altres dimensions suplementàries de l'espai.

La teoria de les cordes i supercordes, com si es tractés d'una simfonia còsmica, defensa que totes les partícules estan formades per fils d'energia anomenats *cordes*. De la mateixa manera que quan toquem un violí podem generar notes diferents, la manera en què s'organitzen aquestes cordes donarà com a resultat les diferents partícules.

Aquesta teoria és una de les candidates a unificar totes les forces de la naturalesa. Així es compliria el somni d'una teoria única, la quimera de la ciència. Però per tal que aquesta teoria sigui vàlida, hem d'assumir que podem conviure en una realitat d'onze dimensions, segons els càlculs matemàtics, i universos paral·lels molt propers.

En els detectors de partícules del CERN es buscaran signes d'aquestes dimensions extres.

TRES TEORIES D'UNIVERSOS ALTERNATIUS

Teoria de la inflació

L'existència d'universos alternatius ha guanyat força en els darrers anys. La teoria cosmològica actual ens diu que el nostre univers es va formar a partir d'una singularitat en una regió diminuta del buit primordial. Fruit d'una gran explosió anomenada *Big Bang* i d'una expansió exponencial anomenada *inflació*, el nostre univers va evolucionar fins al que és avui en dia.

Aquest mateix buit primordial generaria constantment universos paral·lels, en els quals les lleis de la física podrien ser completament diferents, i donaria pas a universos del tot exòtics. Fins i tot algun d'ells podria allotjar, per què no, algun tipus de vida.

Si deixem volar la imaginació, podríem crear el nostre propi *baby-universe* només escalfant un puntet, més petit que una partícula de pols, un trilió de trilions de vegades. D'aquesta manera fabricaríem el nostre propi Big Bang. Per desgràcia (o per fortuna), el nostre univers acabat de crear s'esfumaria envers una altra dimensió en menys de 10^{-37} segons.

Bombolla de Hubble

Quan pensem en l'univers, la majoria de nosaltres imaginem un espai fosc immens, més enllà de la protecció de la nostra llar, el planeta Terra. Però per als cosmòlegs, l'univers és la part de l'univers que podem arribar a «veure», una esfera d'uns catorze mil milions d'anys llum: la nostra «bombolla de Hubble». Tota la resta ens és invisible.

Però que no el puguem veure no significa que no existeixi. És possible que en aquest gran oceà còsmic hi hagi altres esferes com la nostra, que allotgin un sistema solar paral·lel amb una Terra igual que la nostra? Existiria aleshores una civilització igual que la nostra i algú que també estigués llegint aquest llibre?

Mons múltiples

En física quàntica, la teoria dels mons múltiples d'Everett considera que els diferents estats de superposició (gat viu i gat mort) continuen existint en universos diferents. En un univers el gat és viu i en l'altre és mort. Les diferents possibilitats es desenvolupen en realitats paral·leles que creen mons diferents que es van ramificant. D'aquesta manera s'evita el problema de la mesura de la teoria quàntica, però a costa d'una immensitat d'universos alternatius.

Un divulgador científic deia mig en broma que com que les probabilitats són infinites i es donen totes alhora, en algun univers a hores d'ara Andorra està guanyant totes les medalles dels Jocs Olímpics, i l'Elvis és viu i és el president dels Estats Units.

Què és la matèria fosca?

Tot allò que veiem a l'univers, des d'una partícula de pols fins a una galàxia, es compon de partícules de matèria que, segons els càlculs derivats de la velocitat d'expansió de l'univers, només forma el 4 % del cosmos. I aquest és precisament el problema: què és el 96 % restant?

Es tractaria d'allò que hom denomina *matèria fosca* (en un 21 %) i de l'energia fosca consegüent (en un 75 %). Però, per bé que la seva existència està demostrada (altrament no sortirien els números), resulta molt difícil de detectar.

La hipòtesi la va plantejar Fritz Zwicky l'any 1933, quan va observar que la velocitat a la qual s'expandeix el nostre univers és molt superior a la que hauria de ser amb la massa coneguda. Si el nostre model cosmològic és encertat, aquesta matèria i aquesta energia fosques han d'existir.

Tot i que estem avançant a passes de gegant en la comprensió del cosmos, hem de reconèixer amb humilitat que hi ha moltes coses que ignorem del tot, com aquest 96 % que fa anar els científics de bòlit.

Desconeixem de què està formada la matèria fosca, ja que no la podem veure ni detectar, atès que no interacciona amb cap de les forces conegudes. D'altra banda, l'energia fosca existiria simplement en l'espai buit.

Els detectors ATLAS i CMS, tots dos situats a l'LHC, esperen poder trobar algun dia la composició d'aquesta matèria fosca que ara desconeixem.

12

La partitura de l'univers

En algun lloc, alguna cosa increïble està esperant ser descoberta.

CARL SAGAN

Tots els nens somnien en algun moment de la vida tenir un telescopi al terrat de casa. Els mons flamejants que Tales identificava amb els déus sempre han estat un enigma que ha estimulat la curiositat científica i la imaginació de poetes i filòsofs.

Recordo que, quan era petita, em va impactar llegir que la nostra espècie deu la supervivència a l'habilitat per observar els astres. Gràcies a ells, els nostres avantpassats van poder elaborar un calendari. En una era anterior a internet, a la televisió, fins i tot als llibres i als pergamins, els nostres ancestres contemplaven les estrelles i les constel·lacions, els moviments de les quals eren tan predictibles com tranquil·litzadors. El cel nocturn els indicava el millor moment per sortir de cacera, per sembrar i per recol·lectar les collites en els períodes més adequats de l'any.

Conèixer amb exactitud els moviments de les estrelles, dels planetes, de l'astre rei i de la seva dama d'honor, la Lluna, era en aquell temps una qüestió de vida o mort.

Potser per això, i com a herència d'aquelles èpoques, quan avui observem el firmament n'admirem la grandesa i sentim una connexió aclaparadora amb el cosmos.

De petita em va sorprendre saber, per exemple, que els pitagòrics veien les estrelles com una partitura celeste escrita per un déu llunyà. Com sona la música de les esferes?, em preguntava mentre enfocava el telescopi i cercava un punt vermellós que per força havia de ser Mart.

Si l'univers és una gran partitura amb les seves pautes, ritmes i lleis, per interpretar-la jo havia d'aprendre la teoria per la qual es regeixen tots aquests moviments i acords. Potser d'aquesta manera podria comprendre la nostra relació amb aquest cosmos, la teoria que explica per què l'univers ha arribat a la complexitat que avui contemplem i que ha permès l'evolució i l'existència de l'ésser humà...

O hauria de parlar de *teories*?

El gran repte de la ciència antiga i moderna sempre ha estat trobar una única equació que expliqui tot allò que passa damunt del nostre cap... i també dins del nostre cap.

La ciència progressa a mesura que unifiquem les àrees de coneixement, però sembla que hi ha forces que es resisteixen a encaixar, perquè aparentment es regeixen per lleis diferents. Actualment, la preocupació principal dels teòrics és entendre per què la llei de la gravetat sembla que segueix unes normes diferents de la resta de forces que operen en el nostre univers. En la pròxima secció ens aturarem en aquest divorci aparent.

Trobar una teoria unificada que ens permeti explicar-ho tot, des del comportament de la partícula més diminuta fins als moviments de les estrelles que reposen als confins del firmament, és la quimera de la ciència.

El que no sabem és si la naturalesa té cap intenció d'unificar les seves lleis i, fins i tot en cas que així sigui, si nosaltres estarem preparats per comprendre el resultat.

Unir el cel i la terra

En el seu assaig *The elegant universe*, que ha estat adaptat en un documental molt interessant, Brian Greene repassa com Albert Einstein va dedicar els darrers anys de la seva vida a aquesta quimera: la recerca d'una equació que seria coneguda com la *teoria del tot*.

Al llarg de gairebé vint anys, va investigar amb tenacitat en el segon pis de la seva modesta llar a Princeton, convençut que la naturalesa amagava, en el racó més profund, la bellesa i la simetria. Estava segur que aquesta teoria unificada seria la clau capaç d'obrir la porta que amaga els secrets del cosmos.

Per desgràcia, el seu temps a la Terra es va acabar abans de poder veure acomplert aquest somni. Malgrat les passes de gegant que la ciència havia fet des de començament del segle XX, és probable que els darrers intents d'aquest gran visionari encara fossin prematurs.

Però la intenció i la necessitat d'explicar els fenòmens del nostre món mitjançant un nombre menor de principis i equacions no neix amb la física moderna, sinó molt abans.

Podem remuntar-nos cinc segles enrere (vegeu el primer capítol d'aquest llibre), quan Copèrnic, Galileu i Kepler van encetar una revolució intel·lectual completada per Newton i Maxwell i que donaria pas a la Il·lustració.

Com ja vam veure amb el nostre viatge en el temps, els protagonistes rebels d'aquesta revolució es van encarregar d'unir dos mons que fins aleshores havien de complir lleis diferents: el món terrestre «imperfecte», on habitaven els homes amb totes les seves febleses i passions, i el de les esferes celestes, que hom creia «harmoniós i perfecte», habitat per àngels i dimonis.

Kepler va desafiar els seus contemporanis quan va demostrar que els planetes descriuen òrbites el·líptiques, en comptes de cercles perfectes.

Galileu, coetani seu, va ser el primer que va enfocar la Lluna amb un telescopi. Així va poder observar que el nostre satèl·lit presenta rugositats, valls, muntanyes i, en definitiva, irregularitats orogràfiques que contradeien la concepció cosmològica aristotèlica segons la qual els cossos celestes eren esferes perfectes.

I el cop definitiu el va donar Isaac Newton, quan va demostrar que la mateixa força que fa caure una poma de l'arbre és la que mou les estrelles i fa orbitar la Lluna al voltant de la Terra.

Cel i Terra quedaven units d'aquesta manera en una teoria que Newton va batejar amb el nom de *gravitatòria.*

L'impacte d'aquesta nova cosmologia va ser com una estrella fugaç que va guiar el Segle de les Llums.

Pope ho va plasmar en un epitafi, ara famós, dedicat a Isaac Newton:

La Naturalesa i les seves lleis romanien en la foscor;
Déu va dir. «Que es faci Newton!». I es va fer la llum.

Però la història del coneixement ens recorda que les veritats són provisionals. Sir John Collings Squire, bon amic de Pope, va saber ressaltar aquest fet, afegint-hi aquest rodolí:

Però això no podia durar, perquè el diable va exclamar:
«Que sigui Einstein», i el dilema es va restaurar.

La quimera d'Einstein

Per bé que les lleis de Newton van significar una evolució tecnològica extraordinària —amb les seves equacions n'hi va haver prou perquè la humanitat enviés l'home a la Lluna—, durant tres-cents anys cap científic va arribar a entendre com funcionava la gravetat, ni tan sols el mateix pare d'aquesta gran teoria.

I aleshores, a començament del segle XX, un empleat de segona d'una oficina de patents suïssa, amb només vint-i-sis anys, va obrir la caixa de Pandora.

Amb els seus articles d'investigació, Einstein va postular que la velocitat de la llum és un límit còsmic que res ni ningú pot superar. Aquesta afirmació obria una rasa de discrepància amb el gran Isaac Newton. En quin sentit l'afirmació d'Einstein provocava aquest xoc de titans?

Segons la teoria de la gravitació de Newton, la gravetat és una força que afecta els objectes de manera instantània, de manera que se saltava el límit de velocitat que Einstein acabava d'imposar.

En relació amb aquest problema, l'Albert es va plantejar aquesta qüestió: què passaria si un mag còsmic i malvat fes desaparèixer el Sol? Segons la gravitació de Newton, els planetes del sistema solar sortirien immediatament disparats de la seva òrbita.

Però Einstein sabia que la llum del Sol triga 8 minuts a recórrer els 150 milions de quilòmetres que el separen de la Terra. Això vol dir que seguiríem veient el Sol a lloc durant aquests minuts, de la mateixa manera que moltes de les estrelles que veiem al firmament ja fa segles que es van apagar. Però aleshores, es preguntava el jove científic, com podríem sortir d'òrbita abans de quedar a les fosques?

Per respondre a aquesta qüestió, Albert Einstein va construir un model en el qual la gravetat no solament no seria instantània, sinó que viatjaria exactament a la velocitat de la llum.

Havia nascut la teoria de la relativitat general.

Amb aquesta teoria, Einstein va dur a terme una tasca laboriosa d'unificació: l'espai i el temps.

El model de relativitat general crea un teixit espai-temps, la curvitat del qual és el que atreu els planetes cap al Sol. Pensem en un matalàs tou. Si la nostra parella és corpulenta, deformarà el matalàs de tal manera que ens passarem tota la nit fent força per evitar caure-hi al damunt. El teixit de l'espai i el temps s'altera de la mateixa manera. En el matalàs còsmic, el Sol deforma l'espai de manera que atrau els diferents planetes cap al seu voltant.

Així doncs, la pregunta d'Einstein quedava resolta: si un mag fes desaparèixer el Sol, no en percebríem l'efecte fins que les ones gravitatòries, que viatgen a la velocitat de la llum, arribessin a la Terra.

Aquesta relació entre la gravetat i la velocitat de la llum no va passar desapercebuda a Einstein. Fins aleshores es coneixien dues grans forces: la gravitatòria i l'electromagnètica (recordem que la llum és una ona electromagnètica). El descobriment d'Einstein li va fer pensar que totes dues forces tenien, d'alguna manera, el mateix origen.

A mitjan segle XIX, Maxwell havia descrit la força elèctrica i la força magnètica en quatre equacions que les unificaven en una de sola: l'electromagnetisme. Inspirat per la tasca de Maxwell, Einstein es va embrancar en el que va creure que seria el gran descobriment del segle XX: la unió de la gravetat amb l'electromagnetisme.

Però el segle XX es reservava una altra troballa decisiva: la teoria quàntica.

La física quàntica avançava de manera vertiginosa i s'allunyava del camí que Einstein volia transitar. El descobriment del protó, el neutró i l'electró afegia noves preguntes a les equacions de Maxwell. Què és el que manté unides les minúscules peces internes dels nuclis? Es va comprovar que la força gravitatòria no servia per explicar-ho, i l'electromagnètica tampoc aconseguia respondre a la pregunta.

Així van néixer les dues forces nuclears: la forta i la feble. A Einstein se li acumulava la feina. No havia aconseguit unir les que ja eren conegudes, la gravetat i l'electromagnetisme, i ara s'hi sumaven les dues que tot just s'acabaven de descobrir.

Les forces de la naturalesa

Recapitulem. Hi ha quatre forces conegudes, com vam aprendre en la nostra visita al CERN: la força gravitatòria, l'electromagnètica, la nuclear forta i la nuclear feble.

La gravitatòria és la responsable que ens trobem atrapats a la superfície terrestre, que els planetes del sistema solar girin al voltant del Sol i que les pomes caiguin damunt del cap dels grans científics.

La força electromagnètica és l'encarregada de mantenir units els àtoms i les molècules. A més, és la responsable de l'electricitat i el magnetisme, la base de la llum, els raigs X, les microones i les ones de ràdio.

La força nuclear forta és la responsable de fer que els quarks estiguin units dins dels protons i els neutrons i, indirectament, que els nuclis atòmics es mantinguin units.

La força nuclear feble és la que permet la transmutació d'unes partícules en unes altres. Gràcies a aquesta interacció, per exemple, un neutró pot decaure en un protó i emetre radiació.

Les dues forces nuclears es van descobrir fa menys de cent anys. Les interaccions fortes són molt més intenses que les electromagnètiques. En poden donar fe els científics que el 16 de juliol de 1945, a les 5:29 del matí, van assistir a la detonació de la primera bomba atòmica al bell mig del desert de Nou Mèxic. Allà es va dividir l'àtom, generant una quantitat inimaginable d'energia a partir de la fórmula $E = mc^2$, és a dir, que l'energia equival a la massa multiplicada pel quadrat de la velocitat de la llum. Resumint: gràcies a la força nuclear forta, una mica de massa és capaç de convertir-se en una quantitat descomunal d'energia.

Si avui en dia ens acostem a Trinity (la ubicació exacta d'aquesta primera prova atòmica), podrem mesurar els efectes d'aquella bomba mitjançant la força nuclear feble. Per bé que ja han passat gairebé setanta anys d'aquell dia tan trist, la radiació que hi trobarem és deu vegades superior a la normal.

Dos sempres diferents

És irònic que la primera força que els humans vam començar a comprendre fos la gravitatòria, perquè és precisament la que es resisteix més a encaixar en una teoria unificada.

La mecànica quàntica descriu les altres tres forces mitjançant l'intercanvi de partícules que coneixem com bosons —ja el vam presentar com a Model Estàndard—. La força electromagnètica i la nuclear feble, de fet, ja estan unides en una teoria recent anomenada *electrofeble*. D'altra banda, la teoria quàntica de camps ens mostra que les tres forces que es descriuen en el Model Estàndard (electromagnètica, nuclear forta i nuclear feble) s'unifiquen quan tractem amb energies altes, per exemple en l'origen de l'univers.

El problema és que la gravetat no encaixa en el caos del món quàntic. Per bé que s'ha postulat l'existència d'unes partícules anomenades *gravitons*, la gravetat segueix defugint les urpes quàntiques.

La física moderna sembla dividida en dos camps molt diferents entre ells. D'una banda, la relativitat general, que engloba la gravetat i se centra en les estrelles i galàxies. I d'altra banda, la mecànica quàntica, que explica els àtoms i partícules diminutes, així com les altres tres forces conegudes.

Les equacions matemàtiques de la gravetat no es poden fer coincidir amb les de la mecànica quàntica. Quan ho intentem, els resultats que sorgeixen són absurds.

És com si necessitéssim mapes diferents per entendre el mateix territori. En alguns punts, aquests mapes es poden solapar, però no n'hi ha un de sol que ens pugui guiar per tot el cosmos.

De moment no existeix una teoria comprovada que reconciliï la quàntica i la relativitat. I aquest és el drama. En paraules de S. James Gates, de la Universitat de Maryland: «Les lleis de la naturalesa s'han de complir sempre. Però si les lleis de la relativitat general es compleixen sempre i les lleis de la mecànica quàntica es compleixen sempre, resulta que tenim dos sempres diferents».

Una simfonia còsmica

Nascuda a mitjan dècada de 1970, la teoria de cordes és una de les candidates a pujar al podi de l'anhelada teoria del tot. Cap altre aspirant ha generat més esperança (i més controvèrsia) que aquesta teoria. Ens permetria explicar el comportament dels àtoms i les partícules més diminutes, però també el de l'estrella més gegantina.

Com si es tractés d'una simfonia còsmica, la teoria de cordes defensa que tot està format per uns fils minúsculs d'energia que, mitjançant la seva vibració, generarien les diferents partícules i múltiples forces.

De la mateixa manera que el violinista fa sonar notes diferents amb els dits i l'arc, les vibracions d'aquestes cordes ínfimes tindrien com a resultat les diferents partícules.

Aquesta teoria tan elegant aconseguiria unificar la gravetat amb les altres tres forces, i per tant també amb la teoria quàntica. Però a començament dels anys noranta del segle passat va rebre un revés important: no hi havia una única teoria de cordes, sinó cinc de diferents. Una vegada més, la desesperança tornava a regnar en el camí de la unificació, però la desil·lusió no va durar gaire.

Avui en dia entenem que aquestes cinc teories de cordes, a les quals es va sumar una altra anomenada *supergravetat*, estan relacionades, i que són aproximacions d'una teoria més fonamental coneguda com *teoria M*.

De moment no hi ha cap manera d'avaluar-la. Posar a prova qualsevol teoria mitjançant l'experimentació i l'observació és el tret distintiu de la bona física des dels temps de Galileu. Per això, segons els seus detractors, si la teoria de cordes no es pot sotmetre a cap prova, no és ciència sinó filosofia.

Com un raig d'esperança de 27 quilòmetres exactes de circumferència, l'LHC pot recolzar la teoria de cordes si aconsegueix trobar senyals de les anomenades *partícules supersimètriques* (SUSY per als amics). D'altra banda, entre les propietats exòtiques que hom espera observar a l'LHC en el futur, hi ha l'existència d'altres dimensions espacials.

Altres dimensions?

Aquest és un dels *preus* que paguem per la teoria de cordes: descriu un univers en el qual hi ha onze dimensions, en comptes de les quatre que coneixem actualment.

MÉS DIMENSIONS DE LES QUE PODEM IMAGINAR

Moltes persones s'espanten quan senten parlar de més dimensions que les que podem percebre i fins i tot comprendre amb la raó dels que aparentment ens movem en un món tridimensional (la quarta seria el temps, segons Einstein). Com podem arribar a imaginar l'univers d'onze dimensions que pronostica la teoria de cordes?

Hi ha una novel·la de ciència-ficció que és magnifica per entendre aquesta dificultat. La va escriure Edwin Abbot l'any 1884 amb el títol de *Planilàndia*, i explica de manera molt il·lustrativa el concepte de dimensió i com repercuteix en la nostra visió del món.

L'acció es desenvolupa en un món amb només dues dimensions (ample per llarg; és a dir, sense alçada) anomenat Planilàndia. El protagonista és un modest quadrat que du una vida tranquil·la en el seu món bidimensional fins que té un somni curiós... En el somni, Quadrat visita un món unidimensional, on intenta convèncer el rei que hi ha una segona dimensió. El rei de Linealàndia no entén el que li explica Quadrat, perquè el seu món està contingut en una línia sense cap altra dimensió que davant i darrere.

Com Gulliver, que viatja al món dels gegants i dels nans (sempre en relació amb la seva pròpia mida), l'acció s'anima quan aquest habitant de Planilàndia rep la visita d'una esfera tridimensional. Quadrat no serà capaç d'entendre la forastera fins que ell mateix passa a una tercera dimensió.

La lliçó que se n'extreu és que **el fet de no poder veure determinades dimensions no vol dir que no existeixin**. Aquesta és una lliçó molt útil per a la física quàntica —i per a la vida—, que ens mostra fenòmens que no som capaços de comprendre. I tanmateix, existeixen.

Després de viatjar per diferents dimensions, Quadrat ensenya als seus compatriotes a tenir més aspiracions i els planteja fins i tot la possibilitat que existeixin quatre, cinc, sis dimensions, per la qual cosa acaba engarjolat a la presó de Planilàndia per haver amenaçat el pensament establert de les dues úniques dimensions.

Encara que sigui la primera vegada que el lector sent parlar d'aquesta novel·la, oi que la història ens recorda alguna cosa? Al pobre Quadrat li passa el mateix que a Galileu quan va gosar dir que la Terra es movia.

Aquest és el gran ensenyament de la física quàntica: cal desafiar les idees preestablertes, encara que ho fem com un joc, si no volem viure limitats per un pensament únic basat en veritats temporals que es van esquerdant.

Generació Q

En el dia d'avui ja camina el demà.

SAMUEL TAYLOR COLERIDGE

Des de la més remota antiguitat, els éssers humans han aixecat la mirada cap al firmament i s'han fet preguntes gens trivials. Què són els focs llunyans que cremen a la tenebra còsmica? Hi deu haver planetes com el nostre que giren al seu voltant? En cas afirmatiu, és possible que en algun d'aquests planetes hi hagi vida i consciències que sentin la mateixa curiositat que nosaltres? Ens estan buscant ara mateix, igual que nosaltres els busquem a ells?

L'any 1954, l'astrònom Edwin P. Hubble escrivia aquesta frase sobre la nostra eterna aspiració per conèixer tot el que ens envolta: «Equipat amb cinc sentits, l'ésser humà explora l'univers, i d'aquesta aventura en diu ciència».

A l'antiga Grècia, els mateixos filòsofs que s'interrogaven sobre l'ànima humana intentaven teoritzar sobre allò que succeeix més enllà d'on abasta la vista, ja sigui en la immensitat del cosmos o en l'interior de la matèria.

A diferència d'aquests pensadors de túniques llargues, la cultura moderna pateix una forta escissió entre humanisme i ciència, i hauríem de restablir els ponts d'unió entre totes dues disciplines.

La revolució científica basada en el mecanicisme de Newton va desembocar en nombrosos avenços tecnològics (en primer lloc a les fàbriques) que van originar la Revolució Industrial. I això va comportar un gran canvi social: la gent emigrava del camp a la ciutat.

Com veien l'univers, els esforçats habitants d'aquesta primera modernitat?

La física clàssica descriu l'univers com un mecanisme de rellotgeria gegantí. Els moviments dels engranatges donen com a resultat tot allò que veiem al cel, al nostre planeta i a la vida quotidiana. Una màquina composta per múltiples peces separades en la qual causa i efecte determinen tot el que passa.

La nostra participació en aquest mecanisme és minúscula, gairebé inexistent.

Amb els avenços científics del segle XX, el coneixement humà s'ha anat especialitzant cada vegada més, fins a quedar confinat, en el marc de la universitat, en departaments que a la resta de mortals ens semblen tan opacs com l'oracle de Delfos. En àrees com la «matèria condensada», l'«òptica quàntica» o la «física de partícules», els investigadors es trenquen la closca per seguir avançant en el coneixement de la realitat, i executen càlculs complexos impossibles de comprendre per a la gran majoria dels humans. Sobre aquesta qüestió, un filòsof humanista deia que «el perill d'una especialització cada cop més gran en el camp del coneixement és que cada vegada sabrem més de menys, fins a arribar a saber-ho tot de res».

Sense restar cap mèrit als nostres heroics investigadors (ans al contrari, els hem d'estar profundament agraïts), l'objectiu d'aquest llibre ha estat diametralment oposat: oferir al lector una introducció general, i esperem que amena, a l'evolució de la física, des del principi fins al que ha esdevingut avui en dia.

Si a l'edat mitjana Déu era el centre de totes les coses, i a partir del segle XVII la població va començar a entendre l'univers com un gran mecanisme de rellotgeria, la generació Q (els que hem nascut sota el paraigua inquietant de la *Quantum Physics*, com s'anomena en anglès) ens hem d'acostumar a fenòmens cada cop més misteriosos i impredictibles.

Ja han passat més de cent anys d'ençà de l'inici de la revolució quàntica. I tanmateix aquesta teoria extraordinària encara és una gran desconeguda. Potser és perquè els fenòmens que descriu s'allunyen molt de la nostra experiència ordinària, o perquè la comunitat científica encara no ha sabut divulgar-la i fer-la atractiva per a la població en general.

Si el mecanicisme va generar un tsunami que va arrasar l'edat mitjana, no hi ha dubte que la quàntica també ho aconseguirà. Arribaran a semblar-nos normals, aquests conceptes tan estranys?

Recollint una reflexió de *La porta dels tres panys*, si preguntem a qualsevol nen quina forma té la Terra, ens respondrà sense dubtar-ho que és rodona. Hem sentit tantes vegades, des que érem petits, que la Terra és un globus, que ho acceptem com una veritat.

I tanmateix, què en pensaria un cavaller medieval? Una persona que en tota una jornada només podia avançar un grapat de quilòmetres, que no tenia telèfon ni cap manera de comunicar-se amb persones llunyanes... Com podia fins i tot imaginar que en altres punts de la Terra brillava la lluna, si on era ell lluïa el sol? Per a aquest cavaller, la Terra era evidentment plana. La seva realitat era molt diferent de la nostra.

De la mateixa manera que ara no dubtem que la Terra és rodona, arribarà un dia que el món quàntic ens semblarà una cosa normal. I quan passi això, és probable que assistim a una altra revolució científica que avui en dia no podem arribar a imaginar.

Hem vist força exemples en aquest viatge als confins de la ciència, que esperem que hagi estat excitant i profitós alhora. Els qui hem treballat fent aquest llibre ens hem sentit molt a prop dels lectors, amb els quals ha estat un privilegi compartir taula i conversa sobre el que constitueix tot això que anomenem realitat.

Moltes gràcies per acompanyar-nos.

Que us provi l'esmorzar amb partícules!

APÈNDIXS

Apèndix capítol 1

Big Bang: Aquest fenomen, conegut també com la *teoria de la gran explosió*, és un dels models científics que descriu l'inici de l'univers. En el moment del Big Bang es van crear la matèria, el temps i l'espai. Des d'aleshores, l'univers s'ha anat expandint. Per fer-nos una idea visual, podem imaginar un globus en què, amb retolador, pintem uns punts i després l'inflem. En fer-ho, els punts es van allunyant els uns dels altres. D'una manera semblant, l'univers s'expandeix i les galàxies s'allunyen les unes de les altres.

El·lipse: És una corba tancada i plana. Podem visualitzar-la com una circumferència aixafada. A diferència de la circumferència, que té un centre, l'el·lipse té dos focus. El punt de l'el·lipse on et trobis no importa perquè la suma de la distància respecte als dos focus sempre dóna el mateix resultat. Aquestes corbes van ser estudiades i batejades per Apol·loni de Perge, un dels savis de l'Alexandria antiga.

Geocentrisme: Aquesta teoria situa la Terra al centre de l'univers. Segons el geocentrisme, les estrelles (inclòs el Sol) giren al voltant del nostre planeta. Aquesta visió cosmològica, que en un principi no acceptaven tots els grecs, va anar guanyant adeptes fins a convertir-se en un dogma catòlic. Galileu va ser acusat d'heretge el juny del 1633 per proposar que era la Terra la que es movia, i el van obligar a retractar-se'n. Condemnat a viure tancat a casa seva i sota vigilància, Galileu va pronunciar la frase immortal: «I tanmateix, es mou...».

Gravitació universal: És la llei de la física clàssica que descriu la interacció gravitatòria entre cossos. Aquesta llei va ser publicada per Isaac Newton en l'obra *Philosophiae naturalis principia mathematica* del 1687. Aquí, Newton ens diu que la força amb la qual s'atrauen dos cossos és proporcional al producte de les seves masses i inversament proporcional al quadrat de la distància. Amb la teoria de la gravitació, Newton va demostrar que la mateixa força que fa que una poma caigui a terra és responsable que els planetes girin al voltant del sol. Per això diem que és una teoria universal.

Heliocentrisme: Aquesta teoria situa el Sol al centre de l'univers, mentre que la Terra i els planetes del sistema solar donen voltes al seu voltant. La teoria la va plantejar Aristarc de Samos al segle III aC, però no va captar l'atenció dels astrònoms del seu temps. És al Renaixement que Nicolau Copèrnic estableix un model matemàtic heliocentrista. En el manuscrit on publica el resultat, *De Revolutionibus Orbium Celestium*, Copèrnic introdueix un prefaci-dedicatòria al Papa, amb l'esperança de guanyar-se el recolzament de l'Església. Un segle més tard, Kepler adopta el sistema heliocèntric copernicà i el completa amb el seu model matemàtic d'òrbites el·líptiques.

«Mysterium cosmographicum»

L'any 1589, Kepler començava els seus estudis a la Universitat de Tübingen, on un dels professors el va iniciar en el model cosmològic de Copèrnic: l'heliocentrisme.

Per bé que la idea no solament era impopular, sinó també perillosa (a Itàlia, Galileu va ser condemnat per defensar-la), Kepler la va adoptar de seguida, convençut que l'ajudava a reforçar la seva fe. Ell pensava, com els antics egipcis, que el Sol era la imatge perfecta de Déu i que havia d'ocupar un lloc central en el cosmos, mentre la resta de planetes giraven, en cercles perfectes, al seu voltant.

Fascinat per aquesta visió nova, Johannes Kepler va abandonar definitivament la carrera eclesiàstica —el fascinava més el misticisme de les matemàtiques— per acceptar un lloc de professor de Matemàtiques a Graz, Àustria. Però les seves aptituds com a mestre no eren gens brillants. Era esquerp i no tenia paciència amb els alumnes, perdia amb facilitat el fil de les explicacions, submergit en les seves pròpies reflexions.

I aleshores, durant una d'aquelles classes soporíferes, en les quals semblava que tenia el cap a tres quarts de quinze, va tenir una revelació. En aquell temps es coneixien sis planetes: Mercuri, Venus, la nostra Terra, Mart, Júpiter i Saturn. Però ningú s'havia preguntat mai per què hi havia només sis planetes. Què tenia d'especial, aquell número? Kepler va pensar que havia trobat el motiu pel qual eren sis i només sis els planetes que orbitaven al voltant del Sol.

Només hi havia cinc sòlids regulars, i Kepler va deduir que en la relació entre els sis planetes i els cinc sòlids raïa la clau d'aquell enigma. Va postular que l'estructura subjacent entre els sis planetes del sistema solar eren precisament els cinc políedres de Pitàgores. Entre Saturn i Júpiter una esfera circumscrita en un cub, entre Júpiter i Mart un tetràedre, entre Mart i la Terra, un dodecàedre, entre la Terra i Venus, un icosàedre, i finalment entre Venus i Mercuri, en un octàedre. Va trobar que aquella idea era d'una bellesa geomètrica de tal calibre que havia d'acaronar, per tant, la veritat còsmica.

Abans de Kepler, l'univers era un cosmos ple d'esferes de cristall. La nova teoria, que va publicar l'any 1596 a l'estimable obra *Mysterium cosmographicum* ('El misteri còsmic'), era provocativa, però tot i així era compatible amb les creences de l'època.

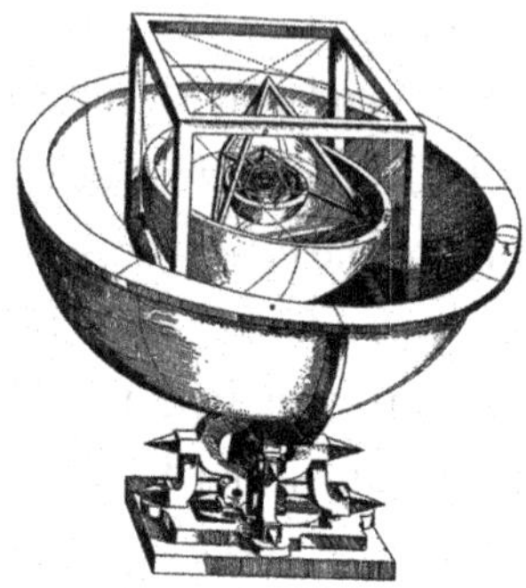

Kepler es va entregar en cos i ànima als càlculs matemàtics, perquè la seva bella hipòtesi coincidís amb les òrbites observades i anotades per Copèrnic. No obstant això, malgrat aquests esforços titànics, les observacions planetàries no harmonitzaven amb els sòlids regulars.

La bellesa i grandesa d'aquesta teoria el van dur a pensar que l'error raïa en les observacions de Copèrnic, que no devien ser prou precises.

Només hi havia un home capaç de mesurar les posicions aparents dels planetes d'una manera més precisa que els seus contemporanis (ens trobem en un període anterior a la invenció del telescopi), i que tenia mitjans econòmics per construir un observatori astronòmic: Tycho Brahe.

El jove teòric aspirava a convertir-se en col·lega del cèlebre observador d'estrelles. El seu anhel era aconseguir que la tasca conjunta, seguint la nova ciència que unia teoria i experiment, reforcés la nova visió cosmològica descrita en el brillant *Mysterium cosmographicum.*

LES TRES LLEIS DE KEPLER

1. La primera llei de l'astrònom alemany diu que els planetes es mouen descrivint òrbites el·líptiques al voltant del Sol, i que aquest està situat en un dels focus.[1]
2. En temps iguals, les àrees escombrades pels planetes són iguals.

Quan un planeta és a prop del Sol, en un interval de temps determinat recorre una gran part de l'arc de l'el·lipse, com es pot veure a la figura. Podem veure que l'àrea de l'el·lipse que cobreix és ampla quan és a prop del Sol.

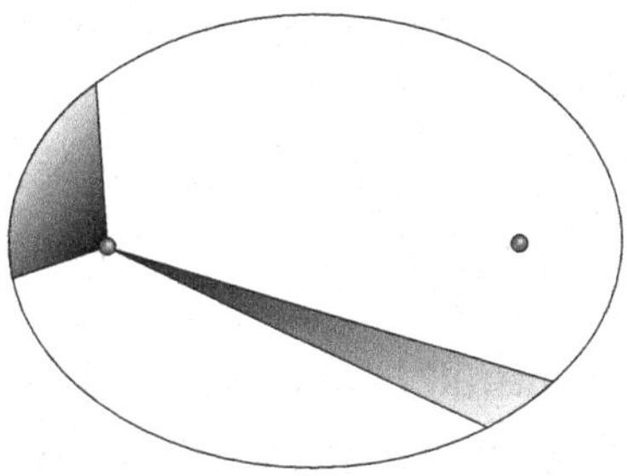

A la figura, els dos punts representen els focus de l'el·lipse. A l'esquerra veiem l'àrea que recorre un planeta allunyat del Sol en el mateix interval de temps. Kepler va descobrir que aquestes dues àrees, malgrat que tenen formes diferents, són iguals.

Quan el planeta està allunyat del Sol, a l'altra punta de l'el·lipse, recorre una petita part de l'arc d'aquesta el·lipse. A la

1. En geometria, el *focus* és el punt d'una corba respecte al qual les distàncies es mantenen constants. Per exemple, en una circumferència, el focus és el centre, perquè la distància des del centre fins a cada punt del cercle és constant (el radi). Una el·lipse té dos focus, i la suma de la distància entre ells i qualsevol punt de l'el·lipse és constant.

mateixa il·lustració podem veure que ara l'àrea és allargada, perquè està allunyada del Sol. Kepler va determinar que aquestes dues àrees, en intervals regulars de temps, són iguals.

3. La tercera llei afirma que el quadrat dels períodes de l'òrbita dels planetes és proporcional al cub de la mitjana de la distància respecte al Sol:

$$T^2 / L^3 = K,$$

on *T* és el període o temps que triga un planeta a fer la volta al Sol, *L* és la distància del planeta fins al Sol, i *K* és la constant de proporció.

Kepler va formular aquesta tercera llei anys després de les dues primeres, i la va plasmar en el llibre *De Harmonices Mundi* ('Les harmonies del món').

Amb la tercera llei, Kepler mostrava, amb una precisa relació matemàtica, el motiu pel qual Mercuri, missatger dels déus, es mou veloçment al voltant del Sol, mentre que Júpiter i Saturn ho fan amb la lentitud i majestuositat dels déus. Kepler va trobar la relació matemàtica que explica per què els planetes més distants del Sol fan la trajectòria al voltant de l'astre rei (anomenat *període*) més lentament que els que es troben a una distància menor.

Les tres lleis de Newton

1. Llei de la inèrcia

Un cos quedarà en repòs o en moviment rectilini uniforme si cap força neta externa actua sobre ell.

Amb aquesta primera llei, Isaac Newton rebatia la idea aristotèlica segons la qual un cos només pot mantenir-se en moviment si li és aplicada alguna força externa, perquè en cas contrari acabaria aturant-se.

Newton, amb la seva llei de la inèrcia, afirma que un cos no pot canviar per ell sol el seu estat inicial, ja sigui el d'estar aturat o el de moure's en línia recta sense accelerar ni frenar. El fet que l'objecte s'aturi s'explica per les forces de fregament o fricció, que són les que detenen progressivament el moviment dels cossos.

2. Llei de la força

La força neta que actua sobre un cos és directament proporcional a la seva acceleració.

Aquesta segona llei ens diu que, en aplicar una força a un cos, aquest s'accelera. La llei s'expressa amb aquesta famosa relació matemàtica:

$$F = m \cdot a$$

en què *F* és la força, *m* és la massa i *a* és l'acceleració.

3. Llei d'acció i reacció

Quan un cos exerceix una força sobre un altre, aquest darrer exerceix una força igual i de sentit oposat sobre el primer.

Un dels aspectes importants d'aquesta tercera llei és que en tot moment es donava per fet que la interacció entre dos cossos és instantània, independentment de l'espai que les separi. Això implicaria que la velocitat d'aquesta interacció és infinita, una de les qüestions que Einstein va investigar.

Bibliografia

Aristòtil, *Llibre II, capítol 4. L'esfericitat de l'univers.*

—, *Llibre XII, Metafísica.*

McEvoy, J. P., Zárate, O., *Introducing Quantum Theory*, Icon Books.

Plató, *Llibre VII, República.*

Rosenblum, B., Kuttner, F., *El enigma cuántico: encuentro entre la física y la conciencia*, Tusquets Editores.

Sagan, Carl, *Cosmos*, Planeta.

Apèndix capítol 2

BIBLIOGRAFIA

Bucay, Jorge, *Recuentos para Demian*, RBA.

Kuhn, Thomas, *L'estructura de les revolucions científiques*, Obrador Edèndum.

Stephenson, G. R., «Cultural acquisition of a specific learned response among rhesus monkeys», Starek, D., Schneider, R. i Kuhn, H. J. (ed.), *Progress in Primatology*, Fischer.

Apèndix capítol 3

Constant de Planck: Aquesta constant física se simbolitza amb la lletra *h*, i va ser postulada per Planck l'any 1900 per intentar explicar teòricament la radiació del cos negre. La constant posava de manifest la quantització de l'univers quàntic en contraposició a la creença clàssica que el nostre món és continu. La constant de Planck és tan diminuta ($h = 6{,}626 \times 10^{-34}$ J · s), que en la nostra realitat macroscòpica és imperceptible, i no podem apreciar aquests petits «paquets indivisibles d'energia».

Cos negre: És un objecte teòric que absorbeix tota la radiació que incideix sobre ell. Va ser introduït per Kirchhoff l'any 1862.

Força electromagnètica: Aquesta força fonamental és el resultat de la unificació de la força elèctrica i la magnètica. És l'encarregada de mantenir units àtoms i molècules. És, a més, la responsable de l'electricitat i el magnetisme, la base de la llum, els raigs X, les microones i les ones de ràdio. Els fotons són els bosons mesuradors d'aquesta força.

Força gravitatòria: Força fonamental que descriu com les masses s'atrauen entre elles. Gràcies a la força de la gravetat tenim la sensació de pes quan estem en un planeta. També és gràcies a ella que ens mantenim «atrapats» a la Terra, i també explica per què els planetes giren al voltant del Sol. Isaac Newton va ser el primer que va formular la teoria general de la gravitació i la va exposar en l'obra *Philosophiae naturalis principia mathematica.*

Força nuclear forta: És la responsable que el quarks estiguin units dintre dels protons i els neutrons i, indirectament, la responsable que els nuclis atòmics es mantinguin units. Els bosons mediadors d'aquesta força són els gluons.

Força nuclear feble: És la que permet la transmutació d'unes partícules en altres. Gràcies a aquesta interacció, per exemple, un neutró pot decaure en un protó i emetre radiació. Els bosons mediadors d'aquesta força són els W i Z.

Quark: Els quarks són, juntament amb els leptons, les partícules que construeixen tota la matèria. De moment, són les partícules més petites que ha descobert l'ésser humà. Hi ha sis tipus de quarks que corresponen a tres generacions o famílies. La primera família són els quarks Up i Down. La segona, Charm i Strange. I la tercera família, Top i Bottom. Cada quark té el seu antiquark corresponent. Els neutrons estan compostos per un quark Up i dos quarks Down, mentre que els protons els formen dos quarks Up i un quark Down. Els quarks van ser pronosticats per Murray Gell-Mann l'any 1964, abans de guanyar el premi Nobel de Física el 1969 pels seus descobriments sobre partícules elementals. Els quarks van ser detectats en els experiments de l'accelerador de partícules lineal SLAC, entre 1967 i 1973.

Buit quàntic: En el món quàntic, el buit no és com l'imaginaríem quan diem que una capsa de galetes és buida (per molta gana que tinguem, no surten galetes del no-res). En el món quàntic, el buit conté partícules que apareixen i desapareixen molt de pressa (tan de pressa que, encara que veiessis que apareixen unes galetes a la capsa, per desgràcia no tindries temps de poder-les agafar).

Radiació del cos negre i catàstrofe ultraviolada: La llum visible només és un cas particular de les ones electromagnètiques. Els nostres ulls disposen d'uns pigments fotosensibles que capten un ventall de radiació electromagnètica, que va del color violeta al vermell.

Els diferents colors corresponen a diferents longituds d'ona. La radiació de 450 nm els —els *nm* són nanòmetres, una milionèsima part d'un metre— correspon al color violeta, mentre que la de 700 nm correspon al vermell.

La resta d'ones electromagnètiques, tant les que tenen longituds d'ona superiors al vermell (les ones de ràdio, microones i infraroges) com les de menor longitud d'ona (les ultraviolades, els raigs X i els gamma), ens resulten invisibles a la vista. Quan aixequem la mirada cap al cel a la nit, podem veure que les estrelles tenen colors lleugerament diferents, unes són més blavoses, mentre que d'altres s'acosten més al vermell. Les primeres tenen temperatures més altes que les segones. Com s'estableix aquesta relació entre el color i l'escalfor de les estrelles?

Els cossos calents emeten radiació electromagnètica. Per tant, hi ha una relació entre la temperatura i la longitud d'ona de la radiació que emetran. Com més petita es la longitud d'ona de radiació, més gran és la temperatura. Les estrelles més blavoses emeten una radiació de longitud d'ona més petita que les vermelloses, i per tant tindran una temperatura superior.

El nostre Sol té una temperatura superficial d'uns 6.000 °C, i majoritàriament emet radiació a uns 500 nm. No és casualitat que els nostres ulls tinguin un rang de llum visible que s'aproxima precisament a aquestes longituds d'ona. Els pigments dels vegetals i la resta d'éssers vius del nostre planeta també tenen relació amb la radiació procedent de la nostra estrella. Si les lleis de la física canviessin de cop i volta i el Sol es refredés fins a la meitat, començaria a radiar al doble de la longitud d'ona. No podríem veure res, i les plantes no podrien absorbir la seva radiació per mantenir-se vives. La nostra evolució a la Terra està íntimament lligada a les regles de la física quàntica.

Els físics del segle XIX, amb les lleis de Maxwell sota el braç, van decidir donar una explicació teòrica a aquesta relació i van estudiar la radiació del cos negre, que absorbeix i emet tota la radiació.

Però aquests estudis conduïen a l'anomenada *catàstrofe ultraviolada*. Segons aquesta teoria, com més petites eren les longituds d'ona d'emissió, més alta era l'energia que irradien els cossos. Aquest resultat es contradeia amb qualsevol experiència quotidiana. Si era cert, ni tan sols podríem mirar com cremen unes brases sense socarrimar-nos a l'instant per la quantitat d'energia emesa per una cosa tan inofensiva. Aquesta catàstrofe ultraviolada plantejava un problema greu. La física coneguda fins aleshores no donava resposta a una situació aparentment senzilla. Vam haver d'esperar que arribés Max Planck i fes el seu «acte de desesperació» en introduir a l'explicació de la radiació electromagnètica els paquets o *quàntums* d'energia.

MODELS ATÒMICS

Ha plogut molt des que Demòcrit, Leucip i Epicur van introduir l'àtom, aleshores com a concepte filosòfic, en els segles V i IV aC. El terme *àtom*, en grec, significa allò que no es pot dividir. Per als pensadors de l'antiguitat, l'àtom era l'element últim i indivisible que forma totes les coses.

Vegem com ha evolucionat la nostra idea de l'àtom al llarg del temps:

Model atòmic de Dalton: la recerca de l'última partícula

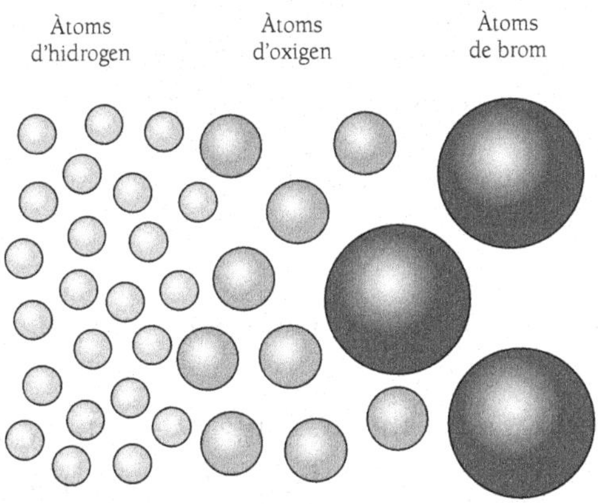

Per primera vegada es proposava amb una base científica l'existència de l'àtom com a partícula última i indivisible.

John Dalton, l'any 1808, va proposar l'existència d'unes minúscules partícules esfèriques, indivisibles i indestructibles, que havien de ser iguals en tots els elements químics.

Model atòmic de Thomson: el púding de panses

L'any 1897, Joseph John Thomson va descobrir l'electró, una partícula de càrrega negativa que havia d'estar dins de l'àtom. Els científics van teoritzar que l'àtom, que fins aleshores es considerava indivisible, era compost per una part positiva i una altra de negativa. En aquest nou model, Thomson va proposar que els electrons, de càrrega negativa, es distribueixen en un àtom positiu com si fos un pastís de panses.

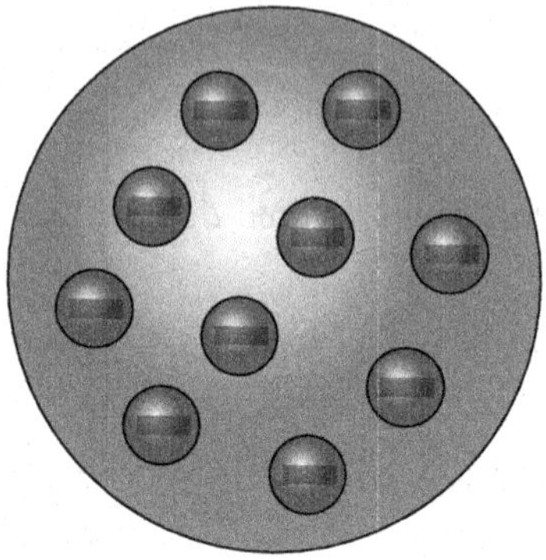

Model atòmic de Rutherford: el buit agafa protagonisme

Ernest Rutherford va realitzar, l'any 1911, un experiment que va demostrar una cosa que, a dia d'avui, em continua semblant fascinant: l'àtom està pràcticament buit.

Després de bombardejar una làmina d'or amb partícules alfa (nuclis atòmics sense els seus electrons, formats per dos protons i dos neutrons), Rutherford va comprovar que només un petit nombre de partícules es desviaven dràsticament en topar contra la làmina, mentre que la resta travessaven la làmina gairebé sense desviar-se.

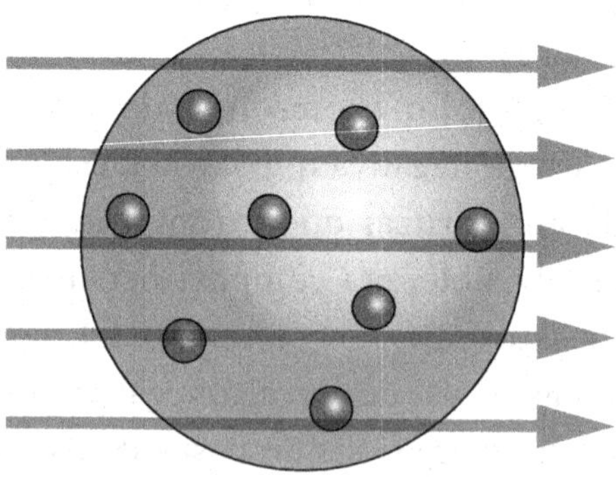

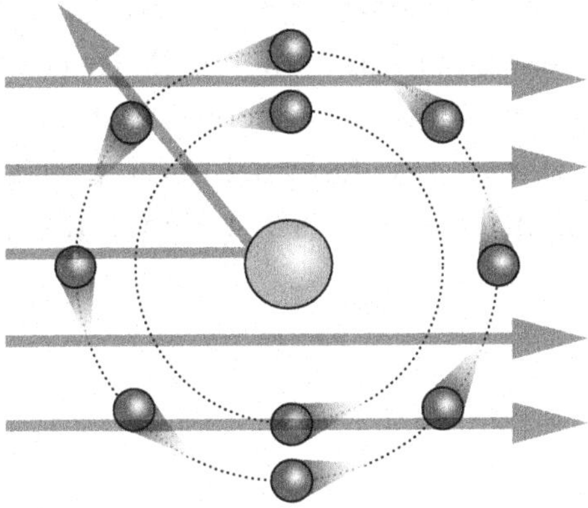

Aquell resultat era, segons el model del púding de panses, senzillament impossible, per la qual cosa va arribar a la conclusió que els àtoms havien d'estar pràcticament buits.

El model de Rutherford estava format per dues parts: el nucli i l'escorça.

En el nucli, que és la part central i molt petita de l'àtom i és de càrrega positiva, es troba concentrada gairebé tota la massa. En canvi, l'escorça és un espai immens, en comparació amb la dimensió del nucli, i s'hi troben els electrons negatius de massa diminuta.

En el model de Rutherford, els electrons orbiten al voltant del nucli com si fossin petits sistemes solars.

Model atòmic de Bohr: la quantització de l'àtom

L'any 1913, Niels Bohr va unir el model atòmic de Rutherford a una branca de la ciència que acabava de néixer: la física quàntica.

El model de Rutherford contenia un gran enigma. Els electrons donaven voltes circulars al voltant de l'àtom d'una manera semblant a la dels planetes quan orbiten al voltant del Sol. Però una de les grans diferències entre els planetes i els electrons és que aquests darrers tenen càrrega elèctrica. Aquesta «subtilesa» marcava la gran diferència: les càrregues en moviment radien i per tant perden energia. Si els electrons perdien energia en els viatges al voltant del nucli, per força acabarien col·lapsant, caient en espiral sense remei fins a estavellar-se contra el nucli atòmic.

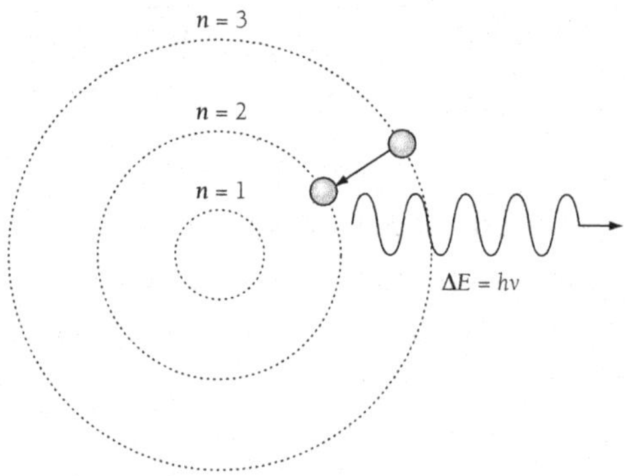

Bohr va aconseguir explicar l'estabilitat de les òrbites electròniques gràcies a la quantització de l'energia que Planck havia postulat uns anys enrere. En aquest nou model, Bohr va suposar que els electrons només tenien permès moure's en òrbites específiques i caracteritzades pel seu nivell energètic. A aquestes òrbites estables es podia assignar un número sencer n (de l'1, 2, 3, en endavant), que seria batejat com a *número quàntic principal*. Els electrons podien «saltar», absorbint o emetent energia, d'una òrbita permesa a una altra, però no podien existir fora de les zones d'aquestes òrbites. La resta de l'espai buit els era prohibit.

Model atòmic de Sommerfield: el cercle esdevé el·lipse

Si Kepler va introduir les òrbites el·líptiques per als planetes, Sommerfield va perfeccionar el model atòmic de Bohr i va donar a conèixer que les òrbites electròniques podien passar de ser circulars a ser el·líptiques. La seva excentricitat, que determinarà la forma dels orbitals, dependrà del número quàntic anomenat *azimutal 1*, que tindrà valors des del 0 (òrbita circular) fins a l'1, 2, etcètera.

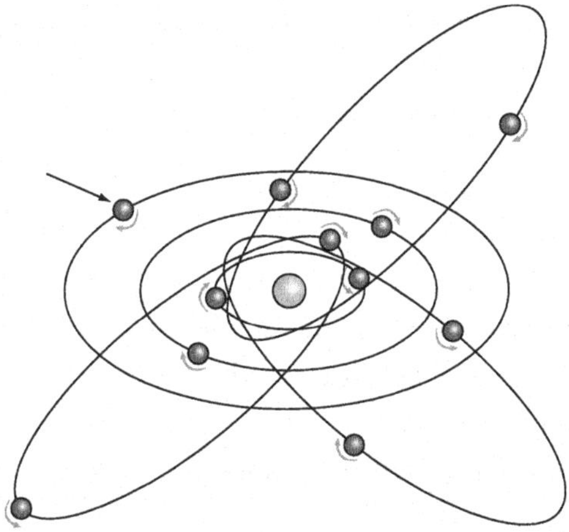

Sommerfield va introduir també correccions relativistes en la descripció del seu model, perquè va tenir en compte les altes velocitats (properes a la llum) a les quals es bellugaven les partícules subatòmiques.

Model atòmic de Schrödinger: la dansa de les ones

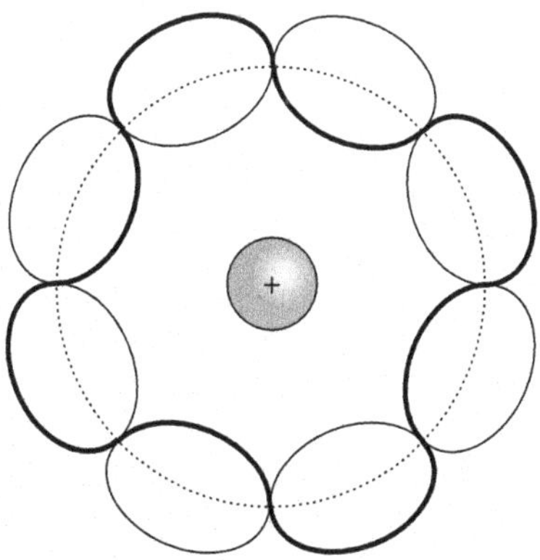

Ervin Schrödinger va transformar el concepte de les òrbites electròniques. Els electrons van deixar de ser partícules petites i van ser enteses com a ones, identificant els nivells energètics atòmics amb els seus modes de vibració. Més endavant, Max Born va interpretar les funcions d'ona de Schrödinger com la probabilitat que els electrons existeixin en determinades regions de l'àtom.

Bibliografia

Jou, David, *Introducción al mundo cuántico: de la danza de las partículas a las semillas de galaxia*, Pasado & Presente.

Navarro, Luis, *Einstein: profeta y hereje*, Tusquets Editores.

Rovira, Álex, Miralles, Francesc, *La última respuesta*, Plaza & Janés.

Apèndix capítol 4

Efecte fotoelèctric

L'any 1902, el físic Philipp Lenard va presentar els resultats de l'amidament precís d'un efecte observat per Heinrich Herz deu anys abans: quan s'il·luminava una làmina metàl·lica prima, s'aconseguia que la llum *arrenqués* electrons de metall.

L'explicació que va donar la física clàssica, tenint en compte que la llum era una ona, va ser la següent: les ones de llum topen contra els electrons de metall, de la mateixa manera que les onades del mar ho fan contra els grans de sorra. Com més intenses (més grans i fortes) siguin les onades, més empenta i energia transmetran als grans de sorra que en sortiran disparats. Així, amb la llum havia de passar el mateix: com més gran fos la intensitat (llum més brillant), els electrons de la placa metàl·lica serien arrencats amb més energia.

Però els resultats de Lenard indicaven una cosa completament diferent. Quan s'augmentava la intensitat de la llum també s'incrementava el nombre d'electrons arrencats, per bé que no incrementava l'energia amb la qual en sortien disparats. Fins i tot un feix de llum molt tènue era capaç d'arrencar alguns electrons.

Els experiments que es van dur a terme a continuació van demostrar, a més, que hi havia un cas particular (si la freqüència de la llum era prou petita),[1] en el qual, per molt que augmentéssim la intensitat i la féssim més brillant, no aconseguiríem desprendre ni un sol electró.

Amb la hipòtesi d'Albert Einstein segons la qual la llum està formada per petites partícules (els quàntums d'energia coneguts generalment com a *fotons*), es pot explicar l'efecte fotoelèctric.

Einstein va imaginar que un únic fotó era absorbit per un únic electró de la placa, tot transferint-li l'energia suficient per fugir del metall. Si il·luminem la placa amb més intensitat, augmentarem el número de fotons, amb la qual cosa aconseguirem augmentar el número d'electrons arrencats.

Segons la llei de Planck, com més elevada sigui la freqüència del feix de llum, més gran serà l'energia dels fotons. Un focus de llum amb una freqüència massa baixa estaria compost per fotons amb una energia tan baixa que no tindrien prou força per arrencar electrons del metall. Seria com si pretenguéssim moure un tot terreny llançant-hi una boleta

1. Percebem les diferents freqüències de llum visible amb diferents colors. La llum visible de major freqüència correspon al color vermell; més enllà, trobem freqüències que ens són invisibles als ulls, com els infraroigs o microones. Les de menor freqüència corresponen al violeta i més enllà; no perceptibles als nostres ulls hi ha els ultraviolats i els raigs X.

per darrere. L'augment de la intensitat només ens faria tenir més cotxes i més boletes amb les quals dur a terme una fita impossible.[2]

2. Actualment sabem que tenen lloc uns processos en els quals una intensitat de llum molt elevada (més del que Einstein podia imaginar en aquella època) aconsegueix que un únic electró pugui absorbir dos fotons que, malgrat que per separat tenen una energia insuficient per fer-los escapar de la placa metàl·lica, de dos en dos sí que ho aconsegueixen.

Apèndix capítol 5

Efecte túnel: Un dels avantatges que les partícules tinguin propietats d'ones i partícules és l'efecte túnel. Fa possible que les partícules travessin barreres o murs.

Teleportació quàntica: Gràcies a la ciència-ficció, la teleportació és un concepte que ens resulta familiar a tots. Amb la teleportació quàntica podem fer que un objecte que estava en el punt A aparegui en el punt B sense passar per cap altre lloc intermedi. Per aconseguir-ho es fa servir el fenomen de l'entrellaçament de les partícules.

Principi d'incertesa de Heisenberg: Aquest principi ens diu que no podem conèixer la posició de les partícules (on són exactament) i la seva velocitat al mateix temps. Almenys no de manera exacta. Això té efectes curiosos: si una partícula estigués aturada (és a dir, velocitat zero), hauria d'ocupar un espai infinit (podria estar a qualsevol lloc). Si coneixem exactament una de les dues, l'altra la desconeixem completament. La mateixa llei s'aplica a l'energia i el temps. Gràcies a això, es pot crear matèria a partir del buit... però durant un temps molt breu.

El gat de Schrödinger

> Quan sento parlar del gat de Schödinger, trec la pistola.
>
> STEPHEN HAWKING

La teoria quàntica funciona extraordinàriament bé. La precisió dels seus resultats és la més exacta que es coneix fins a dia d'avui, i ha fet possible el desenvolupament tecnològic del qual gaudim actualment. Però la interpretació d'aquesta teoria planteja una qüestió molt estranya. Les partícules diminutes no estan enlloc fins que nosaltres les observem. Segons Heisenberg, aquests objectes minúsculs passen de ser «reals» a simples «potencialitats».

Aleshores, és inevitable plantejar-nos la qüestió següent: si les coses que veiem (una taula, un cotxe, una casa) estan formades per aquestes partícules, són «reals» o no ho són?

La resposta de la interpretació de Copenhaguen és pragmàtica: com que els estranys fenòmens del món quàntic no es produeixen amb objectes «grans», a efectes pràctics, no cal preocupar-se per la realitat física d'una casa.

Però a Schrödinger l'incomodava aquesta explicació. Ell pensava que negar la realitat d'una partícula significava negar la realitat d'un munt de partícules, i per tant, d'allò que formaven, tant si era una cadira com nosaltres mateixos.

En un intent de negar aquesta interpretació indeterminista de la naturalesa, Schrödinger va idear la metàfora del gat de Shrödinger. La va publicar l'any 1935 a la revista *Naturwissenschaften*.

En el seu experiment mental, Schrödinger col·loca un gat en una caixa opaca. La caixa conté un flascó verinós connectat a un dispositiu capaç d'alliberar la poció. El dispositiu s'activaria amb la desintegració d'una partícula radioactiva (un nucli atòmic, per exemple).

Aquests fenòmens, com que són processos quàntics, són essencialment indeterministes. Mentre no sigui observada, aquesta partícula estarà simultàniament desintegrada i no desintegrada, en un estat de superposició. Si seguim la línia d'esdeveniments, el dispositiu estarà activat i desactivat a la vegada, de manera que el flascó haurà alliberat el verí i no l'haurà alliberat simultàniament. Finalment, el gat de la caixa estarà alhora viu i mort fins que sigui observat.

Amb aquesta metàfora, Schrödinger volia posar de manifest la conclusió estranya i absurda —segons pensava ell— a la qual s'arriba amb la mecànica quàntica.

La raó per la qual els gats estan vius o morts en comptes de vius i morts té actualment una resposta més o menys estàndard, per bé que val la pena destacar que la paradoxa de Schrödinger continua incomodant part de la comunitat científica (per exemple Hawking, de qui hem destacat la cita en la qual, mig en broma, amenaça de treure la pistola quan sent parlar d'aquest tema). La decoherència provoca la «destrucció» de l'estat de superposició dels objectes macroscòpics. Com que no poden estar completament aïllats, els objectes grans estan en contacte amb la resta del món, entrellaçats. Aquest entrellaçament equivaldria, segons molts investigadors, a l'observació.

BIBLIOGRAFIA

Fernández-Vidal, Sonia, *La porta dels tres panys*, La Galera.

Apèndix capítol 6

Efecte del Zenó quàntic

En un grup d'investigació del NIST (National Institute of Standards and Technology, de Colorado) es va dur a terme un experiment en el qual es va posar a prova l'efecte del Zenó quàntic.

Van seleccionar uns ions[1] i els van posar en un estat d'energia determinat. Els ions tenen alguns estats d'energia permesos; per fer un símil, són com un podi dels Jocs Olímpics que només tingués dos esglaons. La primera posició serà la de màxima energia i la segona, la de mínima energia.

Perquè l'ió pugui pujar al podi o baixar-ne ha d'absorbir o emetre llum (fotons).

El que van fer en aquest experiment va ser exposar uns milers de ions a una font de llum —en aquest cas concret eren microones—. 256 mil·lisegons després van realitzar l'observació i tots els ions s'havien col·locat en la primera posició del podi.

En iniciar l'experiment, la probabilitat de trobar els ions en la segona posició era d'un 100 %, i en acabar els 256 mil·lisegons el que obtenien era una probabilitat del 100 % de trobar-los en la primera posició. Entremig només podem imaginar que la probabilitat anava minvant en la segona posició i augmentant en la primera.

1. Els ions són àtoms als quals s'arrenca un electró.

El que va fer el grup d'investigació del NIST va ser observar la transició als 128 mil·lisegons, i una altra vegada als 256 mil·lisegons (quan se suposava que ja havien pujat tots a la primera posició del podi). Però el que van trobar en aquest darrer mesurament va ser que només el 50 % dels ions havia aconseguit fer la transició a la primera posició.

Què podia haver frenat la resta d'ions a pujar al primer lloc? L'efecte Zenó quàntic ho explicava: en fer el mesurament a la meitat del procés, molts dels ions es trobaven de camí cap al primer esglaó del podi. En ser observats es van haver de definir (recordeu l'experiment de la doble ranura, bé a l'esquerra o bé a la dreta), i com que estaven més a prop a la segona posició, s'hi van localitzar. D'aquesta manera, després d'aquest primer mesurament, la transició havia de tornar a començar de nou. En mesurar per segona vegada els ions (després de 258 mil·lisegons), només un 50 % havien aconseguit pujar a la primera posició.

Emocionats, els científics van repetir l'experiment amb més mesuraments intermedis, i van aconseguir, d'acord amb les prediccions teòriques de l'efecte Zenó quàntic, que cada vegada menys ions finalitzessin la transició cap a la primera posició del podi.

La conclusió a la qual van arribar era prometedora. Es pot *congelar* el canvi d'un sistema quàntic (i mantenir-lo en l'estat desitjat) simplement mesurant-lo moltes vegades.

Bibliografia

Capra, F., *El tao de la física*, Editorial Sirio.

Krishnamurti, J., Bohm, D., *Verdad y realidad*, Editorial Kairós.

Orzel, Chad, *Conversaciones de física con mi perro*, Planeta.

Wilber, Ken, *Cuestiones cuánticas*, Editorial Kairós.

Apèndix capítol 7

Fluctuacions quàntiques: En física clàssica diem que en un sistema aïllat l'energia es conserva i es pot transferir d'un àtom a un altre, però la resultant final sempre és la mateixa. En el món quàntic, en canvi, petits valors de l'energia poden fluctuar en intervals temporals petits. Un exemple d'aquestes fluctuacions quàntiques es produeix amb les partícules virtuals. Aquestes partícules poden existir durant un breu període de temps quan es demana un préstec d'energia suficient per tenir massa. Aquesta energia prestada és la fluctuació quàntica.

Entrellaçament i superposició

Us proposem un joc que ens ajudarà a il·lustrar el principi de superposició i l'entrellaçament.

Segurament tots reconeixeu en aquest dibuix un cub representat en dues dimensions.

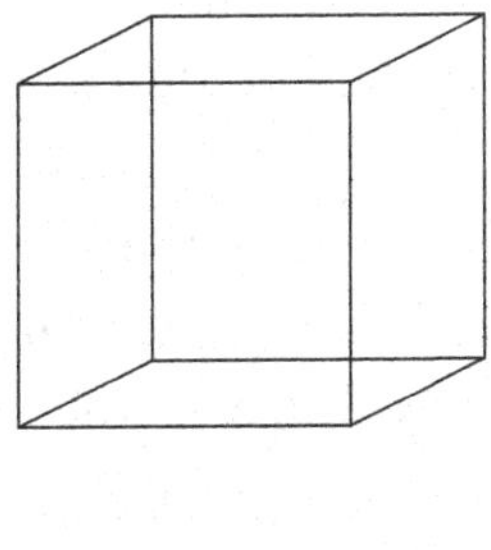

Però aquest esbós té una particularitat: si deixeu que el vostre cervell interpreti les tres dimensions espacials, podreu visualitzar que la cara frontal del cub és o bé el quadrat de l'esquerra o bé el de la dreta. Ambdues interpretacions són igualment correctes. La vostra percepció del cub pot anar variant, però mai podreu veure les dues cares alhora.

Si ara us demanem que tapeu el dibuix amb la mà i us preguntem quina de les dues parts és la frontal, no podreu donar-nos una resposta, perquè sense veure'l (sense col·lapsar-lo), el cub es troba en una superposició: les dues cares estan davant i darrere simultàniament.

És clar que en aquest cas no es produeix una superposició quàntica, però és un bon exemple sobre la percepció, que ens pot ajudar a comprendre-la.

Ara complicarem el joc per entendre l'entrellaçament.

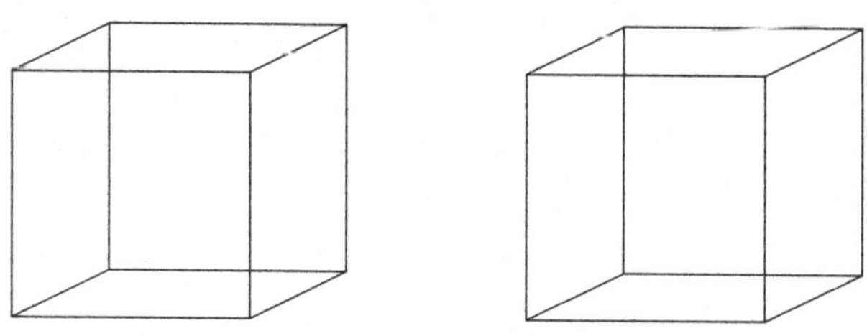

Dibuixarem dos cubs com l'anterior. En observar-los ens passarà el mateix, però en aquesta ocasió, quan interpretem que el quadrat esquerre està davant del primer cub, automàticament el segon cub es comporta igual, i viceversa. Estan entrellaçats. Però quan els tapem amb la mà, tots dos tornen a estar indefinits.

Ara imagineu que trenqueu aquesta pàgina per la meitat. Un dels cubs us el quedeu vosaltres i l'altre l'envieu a un amic que és lluny. Si aquestes il·lustracions seguissin les normes quàntiques de l'entrellaçament, cada cop que observéssiu el cub que heu guardat i determinéssiu quina cara és la frontal, el vostre amic veuria exactament la mateixa que vosaltres. Hi hauria una correlació perfecta. Així és com funciona l'entrellaçament quàntic.

Apèndix capítol 8

Bibliografia

De Bono, E., *Seis sombreros para pensar*, Ediciones Paidós.

Apèndix capítol 9

Teleportació quàntica

Les passes d'aquest procés són les següents:

L'Alícia té un objecte que vol teleportar (en la pràctica s'hauria de reduir a pocs àtoms, però en aquest exemple farem servir el terme *objecte*) des de la Terra fins a l'estació espacial d'Alfa Centauri, on hi ha destinat el seu amic Bob.

En Bob i l'Alícia comparteixen una parella de partícules EPR,[1] és a dir, dues partícules entrellaçades. Cadascuna té la mateixa massa que la partícula que es vol teleportar. L'Alícia en té una i en Bob l'altra.

L'Alícia posarà la partícula que cal teleportar en un aparell de mesurament al costat del seu EPR. Aquest aparell realitza el que anomenem un *mesurament conjunt*. És aquí on les lleis de la física quàntica faran «màgia»: en mesurar conjuntament les dues partícules, les modifiquem. D'altra banda, com que la parella EPR està entrellaçada, quan la partícula EPR de l'Alícia es modifiqui, la d'en Bob també ho farà, mitjançant aquesta «fantasmagòrica acció a distància».

L'Alícia enviarà a en Bob els resultats del mesurament conjunt per un canal clàssic, ja sigui internet, telèfon, etc. Aquest pas és important, perquè respecta la llei d'Einstein segons la

1. Per a més detalls, repasseu el malson d'en Francesc.

qual res que transporti informació pot viatjar més de pressa que la velocitat de la llum.

Quan en Bob hagi rebut els resultats del mesurament de l'Alícia, podrà modificar la seva parella EPR i convertir-la en l'objecte inicial que cal teleportar.

Bibliografia

Adams, Douglas, *Guía del autoestopista galáctico*, Editorial Anagrama.
Asimov, Isaac, *Viaje alucinante*, Parramón.
Clarke, A. C., *2001: una odissea a l'espai,* Edicions Proa.
Kaku, Michio, *La física del futuro,* Debate.
Rowling, J. K., *Harry Potter*, Salamandra.
Saint-Exupéry, Antoine, *El petit príncep,* Editorial Empúries.
Verne, Jules, *De la terra a la lluna,* Editorial Barcanova.

Apèndix capítol 10

Les tres generacions del Model Estàndard

Del Model Estàndard en coneixem, de moment, tres generacions. La primera és la que constitueix tot allò que ens envolta: els quarks anomenats *up* i *down*, que són els que formen els protons i neutrons dels àtoms, i els leptons batejats com *electró* i *neutrí electrònic*. La segona generació la formen els quarks *charm* i *strange* i els leptons *muó* i *neutrí muònic*. I la tercera generació és la dels quarks *top* i *beauty* i els leptons són el *tau* i el *neutrí tau*.

Cada partícula d'una generació té menys massa que la següent; la resta de propietats conegudes són completament idèntiques. Les partícules de generacions més massives decauen en els membres que tenen menys massa. És per això que la major part de la matèria que ens envolta està composta per les partícules de la primera generació. Es desconeix per què la naturalesa ha escollit precisament tres generacions de partícules fonamentals.

Bibliografia

Bráson, Bill, *Una breve historia de casi todo,* RBA.
Fernández-Vidal, Sonia, *Quantic love,* La Galera.

Gell-Mann, Murray, *El quark y el jaguar: aventuras en lo simple y lo complicado*, Tusquets.

Joyce, James, *Finnegans Wake*, Lumen.

Weinberg, Steven, *Los tres primeros minutos del universo*, Alianza Editorial.

Apèndix capítol 11

Massa i pes

La massa i el pes són propietats físiques diferents.

La massa és la quantitat de matèria que forma els cossos. Tots els objectes estan formats per matèria. Prenguem com a exemple una pilota de ping-pong i una de golf, que tenen aproximadament el mateix volum. La primera té menys matèria (densitat) que la segona, i aleshores diem que té menys massa. També un lluitador de sumo té més massa que un nadó de tres mesos, perquè ocupa molt més volum.

Amb aquesta relació ja podem relacionar matemàticament la massa, el volum i la densitat:

$$M = v \cdot \rho,$$

on M és la massa, v és el volum, i ρ és la densitat.

El pes és la força que la gravetat exerceix sobre un cos. Com que el camp gravitacional de la Terra és més gran que el de la Lluna, pesarem menys quan ens pesem en una balança en el nostre satèl·lit que a la cambra de bany de casa nostra, tot i no haver perdut gens de massa.

La massa es mesura en quilograms, mentre que el pes, com que és una força, es mesura en newtons. No obstant això, en la vida quotidiana acostumem a expressar-nos amb poc rigor, i diem erròniament que pesem cinquanta quilograms, en comptes de dir que tenim una massa de cinquanta quilograms.

Bibliografia

Lederman, Leon Max, Teresi, Dick, *La partícula divina: si el universo es la respuesta, ¿cuál es la pregunta?*, Editorial Crítica.

Apèndix capítol 12

Bibliografia

Abbott, Edwin A., *Planilàndia. Una novel·la de moltes dimensions*, Laertes, Olañeta.
Greene, Brian, *El universo elegante*, Editorial Crítica.

Agraïments

A David Trias, Alberto Marcos i Laura Álvarez, editors atòmics d'aquest llibre; a tot l'equip de Random House Mondadori i als brillants correctors.

A Sandra Bruna i el seu equip, per accelerar els nostres somnis.

A Marisa Martínez, il·lustradora d'universos propis i paral·lels.

A Chituca, superconductora de mitjans, per donar veu a aquest projecte.

A tota la professió periodística, herois quotidians que difonen la bellesa de la ciència.

A Ignasi Lausín per proposar aquest títol i per les seves valuoses aportacions.

A Iolanda Batallé, Big Bang de tot el que ens està passant.

A David Bueno, David Jou i Lluis Torner, generadors de converses sempre estimulants.

A la família Nogales, per embolcallar la calidesa del nostre univers.

A Alberto, Katinka, Niko, Jose, Irene i Núria, la nostra família particular i fonamental.

Als amables lectors, per acceptar el repte d'un esmorzar amb partícules.

Crèdits de les il·lustracions

pàg. 29 i pàg. 240. Sistema solar de Kepler, reproduït a la seva obra *Mysterium cosmographicum* (1596)

pàg. 57. Conferència Solvay, 1911. Fotografia de Benjamin Couprie

pàg. 71. Conferència Solvay, 1927. Fotografia de Benjamin Couprie

pàg. 156. Lluna plena vista des de la Terra. Fotografia de Luc Viatour / www.Lucnix.be (CC BY-SA)

pàg. 156. L'escriptor francès Jules Verne fotografiat per Nadar. ©Rue des Archives / PVDE

pàg. 156. Buzz Aldrin caminant sobre la Lluna, 20 de juliol de 1969. ©NASA

pàg. 157. Michelle Nichols, o la tinent Uhura de *Star Trek*, en 1966. ©mptv Images

pàg. 157. El Dr. Martin Cooper, inventor del telèfon mòbil, amb el prototip DynaTAC de 1973. Fotografia de Rico Shen (CC BY-SA)

Les vinyetes i les il·lustracions de les pàgines 77-84, 85, 110-111, 120, 121, 183 i 257 han estat fetes per Marisa Martínez.